U0167714

产品仿生设计研究

Research on Product Bionic Design

刘青春　何霞　潘荣　著

中国建筑工业出版社

图书在版编目（CIP）数据

产品仿生设计研究／刘青春，何霞，潘荣著. —北京：中国建筑工业出版社，2020.2（2025.2重印）
ISBN 978-7-112-24733-2

Ⅰ. ①产… Ⅱ. ①刘… ②何… ③潘… Ⅲ. ①仿生—应用—产品设计—研究 Ⅳ. ①TB472

中国版本图书馆CIP数据核字（2020）第022133号

本书尝试从符号学的角度对产品和生物进行了详细的分析，并试图从语构学、语意学的层面找到它们之间关系，这种关系的分析贯穿于本书的叙述中。本书在归纳出产品仿生设计教学中关键步骤出现的一些问题后，以这些问题为中心，环环紧扣，系统、深入地展开了论述。针对教学中学生暴露出来的问题，为了有效地训练学生对产品仿生设计方法的掌握，结合研究出的结论和成果，提出了产品仿生设计教学的课程作业设置方案，并通过案例展开分析。适用于艺术设计、设计学等专业的师生和对设计感兴趣的人士阅读。

责任编辑：吴　绫
文字编辑：李东禧　孙　硕
责任校对：王　瑞

产品仿生设计研究
刘青春　何霞　潘荣　著
*
中国建筑工业出版社出版、发行（北京海淀三里河路9号）
各地新华书店、建筑书店经销
北京锋尚制版有限公司制版
北京中科印刷有限公司印刷
*
开本：787毫米×1092毫米　1/16　印张：8¼　字数：137千字
2020年4月第一版　2025年2月第四次印刷
定价：49.00元
ISBN 978-7-112-24733-2
　　（35349）

前言
PREFACE

  仿生设计是人类设计活动中既古老又新颖的课题，是工业设计中有深厚历史积淀与丰富实践经验的，同时又是最具活力的设计创新方法，正逐步成为设计发展过程中新的亮点和研究热点。一直以来，仿生设计都是工业设计教育和实践所关注的重要内容和设计方法。虽然目前与仿生设计相关的研究不少，成果也颇多，但是从教学的角度比较系统性地介绍产品仿生设计研究的却不多。国内外，还鲜有高校将产品仿生设计作为一门单独的课程来开设，至少这已足以说明问题的存在，产品仿生设计还有待进一步的深入研究。

  难能可贵的是，我校长期坚持开设以产品仿生设计专题为主的"设计研究"课程，因此，本书实际是在总结和反思自身设计教学与实践的经验。全书强调知识的系统性及教学的可操作性，结构清晰，在阐述理论的同时，配置了大量的案例加以分析说明，并通过系列设计实践进行理论知识体系的深化。

  我要特别感谢与我一起探讨产品仿生设计理念的学生和同事、朋友，你们的洞见和启发都深深地融入本书的字里行间，课堂上设计的大量习作，以及实际的产品开发，在实践上不断地印证和完善着我的拙见。你们是陈思宇、傅桂涛、王军、陈国东、邱潇潇、李锋、王俊标、杨佳兵、吴庆丰、曹源、王煜明、徐春丽、张鲁俊、周伟、陶李平、沈泽等，在此一并表示衷心的感谢。本书在写作的过程中还参阅和引用了大量国内外设计案例，在此无法一一列举其来源，希望能得到各位学者和前辈的谅解。

  同时本书得到浙江农林大学教材建设项目（编号：JC17061）和校级工业设计重点专业建设项目（编号：ZY17008）以及林业工程重中之重学科建设——林产品创新团队的支持。

  由于学识水平有限，书中难免还存在诸多缺点和不足，恳请各位专家与读者批评指正。

刘青春

2019 年 8 月

目录
CONTENTS

前言

第一章　绪论　　　　　　　　　　　　　　　　　1
1.1　研究背景　　　　　　　　　　　　　　　　2
　　1.1.1　国外研究现状　　　　　　　　　　　2
　　1.1.2　国内研究现状　　　　　　　　　　　3
1.2　课题研究的相关学术理论　　　　　　　　　5
　　1.2.1　符号学　　　　　　　　　　　　　　5
　　1.2.2　产品语意学　　　　　　　　　　　　6
　　1.2.3　自然对象的符号学分析　　　　　　　7
　　1.2.4　设计的修辞转向　　　　　　　　　　9
1.3　课题研究的思路与框架　　　　　　　　　10
1.4　研究的目的与意义　　　　　　　　　　　12
第二章　产品仿生设计的类型　　　　　　　　13
2.1　形态仿生设计　　　　　　　　　　　　　14
　　2.1.1　二维形态仿生　　　　　　　　　　14
　　2.1.2　三维形态仿生　　　　　　　　　　14
　　2.1.3　二维和三维结合的形态仿生　　　　15
2.2　功能仿生设计　　　　　　　　　　　　　16
2.3　结构仿生设计　　　　　　　　　　　　　17
2.4　材料仿生设计　　　　　　　　　　　　　18
2.5　色彩仿生设计　　　　　　　　　　　　　19
2.6　肌理和质感仿生设计　　　　　　　　　　20

第三章　产品仿生设计中生物原型和特征的选择　23

3.1　特征属性的逻辑架构　24

3.2　"物－心－物"的逻辑架构　25

3.3　思维导图法　31

 3.3.1　思维导图简述　32

 3.3.2　思维导图在产品仿生设计中的应用及其制作　32

 3.3.3　思维导图法在产品仿生设计中的作用　34

3.4　修辞辅助法　34

 3.4.1　隐喻　35

 3.4.2　换喻　36

 3.4.3　讽喻　37

 3.4.4　夸张　39

 3.4.5　幽默　39

 3.4.6　类推　40

第四章　生物特征提取与产品转化　43

4.1　具象仿生和抽象仿生分类的质疑　44

4.2　原型、变型和异型概念的提出和比较　44

4.3　异型的几种类型　52

4.4　生物特征提取的方式　55

4.5　生物特征运用与产品转化的原则　59

第五章　设计方案的评价　62

5.1　产品设计的评价体系　63

 5.1.1　产品设计评价的概念和目的　63

 5.1.2　产品设计评价标准的分析　63

5.2　产品设计评价方法的归纳　65

 5.2.1　经验性评价方法　65

 5.2.2　简单数学分析法　65

 5.2.3　系统评价方法　67

5.3　产品仿生设计方案的评价　69

第六章　教学和设计实践的探索　　75

6.1　教学课题的设置和分析　　76

6.2　生物概念到产品概念的仿生设计　　78

　　6.2.1　蜻蜓生物的仿生设计　　78

　　6.2.2　产品仿生设计图表法及其在蜜蜂仿生
　　　　　 设计中的应用　　79

6.3　产品概念到生物概念的仿生设计　　85

　　6.3.1　隐形眼镜清洗器设计　　85

　　6.3.2　儿童坐便器的设计与开发　　87

第七章　设计作品赏析　　105

7.1　问童子品牌仿生产品设计　　106

7.2　宁波凯达品牌仿生产品设计　　111

7.3　课程学生习作　　113

附录一　蜜蜂的产品仿生设计图表法　　117

参考文献　　122

第一章　绪论

　　仿生设计是人类设计活动中既古老又新颖的课题，在工业设计领域中既具有深厚历史积淀与丰富实践经验，同时又是最具活力的设计创新方法，这早已被国内外学者的真知灼见和设计界的实践所印证。

　　产品仿生设计涉及的理论庞杂，渗透于生物学、符号学、产品语义学、情感化设计、计算机辅助设计、心理学等各个方面。

　　国内外，还鲜有高校将产品仿生设计作为一门单独的课程来开设，至少这已足以说明问题的存在。虽然目前与仿生设计相关的研究不少，成果也颇多，但是从教学的角度比较系统性地介绍产品仿生设计研究的却不多，对产品仿生设计教学研究还处于初步的阶段，缺乏系统性的研究，对于在教学中如何有效展开，如何指导设计实践，有待进一步的深入研究。

1.1 研究背景

1.1.1 国外研究现状

设计教育家卡梅罗·D·巴特洛（Carmelo. di. Bartolo）认为工业设计应该将环境因素考虑进去，并指出现代工业设计之所以会产生这些问题的原因之一就是在设计中很难将形态、功能和材料一致地协调起来。因此他建议从自然界中寻找解决问题的办法，因为自然生物形态经过长期的进化，在形态、功能和材料上达到了高度平衡和协调，对工业设计具有借鉴意义，因此对生物形态的设计应用研究可以作为转换工业设计思维方式的一个立足点，并且他一直致力于探索如何将生物形态应用于工业设计中。吉尼斯·博克兰德（Janis. Birkeland）在《可持续性设计》（Design for Sustainability）一书中也曾详尽地论述了仿生学在工业设计中的应用，并认为可以尝试性地将基因运算法则引入到工业设计中，这种法则在建筑设计等领域被认为是可行的[1]。由此可以看出仿生学在工业设计中的应用研究依然值得我们进一步去探索。

20世纪70年代开始，德国高校就有开设仿生学课程，但它一般都是附属于其他专业，作为研究的一个模块方向，或只是研究生院的进修专业。2003年起，不来梅应用技术大学推出了国际仿生学专业（ISB），把生物学和工程科学的内容紧密结合，展开跨学科的教育，此后德国的一些高校也开始设立仿生学专业。

2005年，英国设计大师Ross Lovegrove在维也纳应用艺术大学集成工业系大师班担任教授时，曾将仿生设计和生态设计作为课程教学的重点进行过一定的探索，由于没有受到足够的支持，他在失意中离开了学校。

在近代实务设计操作里，越来越多的设计师和公司运用仿生设计方法，作品表现出强烈的仿生造型意识，并形成独特的风格和特性。比如有着"梦工厂"之称的意大利品牌Alessi更像家居世界的卡通工厂，它推出的厨房餐具造型上处处是让人会心一笑的童真和幻想。电水壶会学小鸟唱歌；让外星人开始为我们榨柠檬汁；开红酒的竟然是位窈窕淑女安娜小姐，她在舞弄优美的舞姿时，为我们开启红酒世界的浓郁芬芳，陪伴她的是"男朋友"AlessandroM……这些出自当代名设计师的产品，在本能上触及消费者的情感和回忆，令使用者感觉愉悦、惊奇、趣味和幽默等。北欧芬兰当代著名设计师艾洛·阿尼奥（Eero Aarnio），成为自 20 世纪 60 年代以来奠定芬兰在国际设计领域领导地位的重要建筑师和设计家之一。他的设计大都有浓厚的浪漫主义色彩和强烈的个人风格，宛如来自灵幻的童话世界。德国著名的设计师路易吉·科拉尼主要从生物外形特征的角度来进行产品仿生的设计，并将此与空气动力学结合应用于交通工具的设计中，其强调人与自然共生的美学观设计的产品，为国际设计界所关注。以色列的女设计师 Ayala Sperling Serfaty，正是近年蹿红国际一鸣惊人的一个自然实证。跳出现代主义的规矩，Ayala 的设计作品从来没有一条直线，她用厚薄布料自行染制制作了众多以深海为主题的前卫灯具。英国工业设计师 Ross Lovegrove 的作品，灵感来自自然界及未来主义，其作品以糅合自然美态与超新科技的有机设计享负盛名。Ross Lovegrove 充满未来感的产品设计，带动了有机美学的新潮流，为 21 世纪设计业界开拓出崭新路向。

1.1.2 国内研究现状

在国内，近年来产品仿生设计是一个研究的热点，专家和学者出来的成果也不少，但是从教学的角度来研究产品仿生设计却是"不足的"，该怎样有效展开产品仿生设计教学的研究更是寥寥无己。

清华大学美术学院为推动我国工业设计教育、创新与研究向高水平发展，邀请世界著名工业设计师——德国慕尼黑大学应用科学设计学院阿克赛尔·塔勒摩尔（AXEL Thallemer）教授于 2005 年 4 月 18~22 日期间举办一周的"仿生设计研究"WORKSHOP 研讨会，主题为"源于自然的设计精神"。2007 年 12 月广州国际设计周期间，阿克赛尔·塔雷摩尔教授再次被邀请在广州美术学院主持过类似的仿生设计工作坊。设计师路易吉·科拉尼曾先后在中国的同济大学、中央美术学院、南京艺术学院举办过仿生设计主题的学术报告。科拉尼作为仿生设计理论的大力倡导者和实践者，他那蕴藏着人类责任感的设计哲学思想，以及呼吁人类社会与大自然和谐统一的设计观念，都具有极其深刻的划时代意义。他鲜明的仿生设计原理与方法、强烈的造型意念和极具旺盛生命力的设计，成功地影响了中国许多设计学子和设计师。在国内，同济大学设计创意学院已率先成立仿生学设计实验室（BiDL），试图构建一个研究和教育平台，分享可持续设计和仿生学的知识、资源和信息。通过学习模仿大自然的智慧策略，重新构建生命与设计之间的联系，为人类社会生成更多可持续的产品和服务。该实验室在 2014 年 10 月同济设计周上举行了一系列有关仿生学的学术活动，是中国又一个深入交流和学习仿生学的聚会。

笔者在对相关文献的研读中，尽管发现不少关于产品仿生设计的文章，但结合教学的角度讨论产品仿生设计的文章和著作代表性的有陈汗青的《仿生性创造思维与产品开发设计教学》、宋仕凤的《仿生思维与工业设计教育》、于帆和陈嫄编著的《仿生造型设计》以及储婷编著的《昆虫计》等。《仿生思维与工业设计教育》一文通过分析仿生思维的特点及在工业设计中的应用，指出仿生思维在工业设计教育中对激发学生的创造灵感有不可替代的作用，并总结仿生思维的工业设计教育意义，在工业设计教育中应加强学生的仿生思维训练，提高他们的创造能力及生态设计观念认识，对培养我国新型设计人才有重要的实践意义。《仿生造型设计》一书从教学的角度入手，将仿生设计的理论研究与设计实践相结合，首先概要性地总结了仿生设计的发展历史以及相关学科的知识和特点，并从设计方法、设计程序到针对生物形式美感、功能、结构、意象等不同角度的仿生设计都作了详细而具体的讲述，然后根据设计教学的需要，将仿生设计的内容按照产品设计因素的相关概念进行分述。《昆虫计》记录的是 2005 年 10 月中央美术学院城市设计学院一年级学生以昆虫为题的设计造型基础实验课程，本书简要记录了课程的发展过程及学生的作业构思和延展状态。学生根据对昆虫形态、形体的研究，多方向引导、发展到自由设计。设计方向包括动画设计、传媒设计、家居设计和公共艺术设计。课程共分为五部分：①昆虫形态写生，②昆虫形体研究，③昆虫抽象解析，④昆虫抽象表达，⑤自由设计。《昆虫计》虽只是基础教学的一个实验课题的成果，但正是这一"计"打破了学生固有的思维模式，从绘画造型到设计造型，只能是浅尝辄止，真正的质变是设计理念的更新。这些研究对于笔者的教学实践和研究都提供了极好的参考价值，启发诸多，受益匪浅。

在设计实务上，国内先后出现了多个以仿生设计手法为主的产品品牌，呈现出强烈的个性特征和品牌风格。比如专注于儿童背包创新研发的诺狐（NOHOO）童包品牌；以创意手工具和文具为主的台湾品牌 iThinking，以大自然为灵感来源，让使用者直接感受到自然的美好与日常生活的趣味！

1.2 课题研究的相关学术理论

1.2.1 符号学 [2]

当代美学家 M·比尔兹利说："从广义上来说，符号学无疑是当代哲学以及其他许多思想领域的最核心的理论之一。"可见符号学在当代学术研究中的重要地位。

符号学之父，瑞士语言学家索绪尔从语言学出发，设想有一门研究符号的科学，并把符号解释为一种二元关系，即能指和所指的统一体。能指是物体呈现出的符号形式，所指是物体潜藏在符号背后的意义，亦即思想观念。能指与所指构建出事物成立的两面性。他认为符号代表的意义是根据整体社会文化系统而定。索绪尔的符号理论，在观念上告诉我们产品形式是种所指，必定和必须讨论各种意义，而不应只是抽象形式之探讨。

另外一位现代符号学的奠基人是美国哲学家皮尔斯，他认为符号是由符号形体、符号对象和符号解释构成的三元关系。虽然皮尔斯的说法稍有不同，但并不意味索绪尔和皮尔斯之间在理论上有什么矛盾之处，这两种学说大体一致，只是着眼点有所不同而已。符号形体即符形，也就是索绪尔所说的能指，符号解释即符释，也就是符号形体传达的意义，相当于索绪尔所说的所指。至于符号对象，即符号形体所表征的客观事物，索绪尔未作强调。在索绪尔看来，语言理论所须考察的只是能指和所指的关系，而不是符号与事物之间的关系。符号当然与客观事物想联系，但从语言符号的角度来说，就不那么重要了。索绪尔着眼于语言符号的研究，而皮尔斯则着重于整个符号世界。皮尔斯三元关系理论，着重于符号自身逻辑结构的研究，着重分析人们认识事物意义的逻辑结构，把符号学范畴建立在思维和判断的关系逻辑上。在皮尔斯和杜威的理论基础上，皮尔斯的门徒 C·莫里斯进一步发展了符号学的理论，他在 1938 年出版的《符号理论基础》中把符号学分为语构学、语意学和语用学三个部分。语构学研究符号在整个符号系统中的相互关系；语意学研究符号与实物的关系；语用学则研究符号使用者对符号的理解和运用。莫里斯符号理论的三个层面彼此间存在特殊的从属关系。莫里斯的理论既是皮尔斯理论的延伸，更加深了符号理论的广度及深度。从 1955 年起，著名德国美学家、哲学家马克思·本泽以及符号学家伊丽莎白·瓦尔特对皮尔斯的理论作了系统的整理和进一步的发展，并对符号学在设计领域的应用原理作了探索。在工业设计领域，20 世纪 60 年代德国乌尔姆造型学院曾探讨过符号学的应用。

1.2.2　产品语意学 [3]

产品作为符号的载体，也存在语构学、语用学、语意学三个方面的规则。语构学着重于处理造型语言词汇之间的结构关系，它体现了造型要素在结构上的有序性；产品语构学不仅体现在符号形式本身，诸如形态、色彩、表面肌理等，而且还建立在设计对象的外部规律上，如材料特性和加工工艺、人机匹配关系等方面；产品语用学是处理造型语言与使用环境的关系；产品语意学着重处理造型语汇与它所指对象之间的关系 [4]。产品的语构学、语用学、语意学三个方面虽有区别，但又是相互紧密联系的。下面着重对产品语意学进行阐述。

1983 年美国的 K·Krippendorf 和德国的 R·Butter 明确提出了"产品语意学"这一概念。1985 年在荷兰举办了产品语意研讨会，飞利浦公司在有关专题研讨会上展现了产品语意理论的具体应用成果。1989 年赫尔辛基工业艺术大学举办了国际产品语意学讲习班，产品语意学由此在欧洲的许多院校积极推广，此后逐渐形成遍及工业设计界的一种设计思潮。

产品语意学是在现代符号学的基础上发展起来的一门新兴学科，是把研究语言意义的方法运用到产品设计中去，它极大地影响了当代设计的发展。长久以来，许多学者和设计师结合符号论的观点，认为产品在传达的过程中应具有外延和内涵两个层面的意义，并且结合使用者的功能需求、人机因素等对外延性语意进行了广泛的研究。而产品的内涵性语意作为在文脉中不能直接表现的"潜在"关系，包含有很多不确定的因素，如心理性、社会性、文化性的象征价值等，所以需要从新的角度来关注产品内涵性语意的传达。张凌浩在《产品的语意》一书中对这些问题作了详尽和深入的分析。外延性意义讨论的是与符号和指称事物之间的关系有关。它在文脉中是直接表现的"显在的"关系，即由产品形象直接说明产品内容本身。它是一种理性的信息，如产品的构造、功能、操作等，是产品存在的基础。由于一切产品和物品都形象化地给人以感官上的导向，事物的功能、属性、特性、特征、结构间的有机关系等都以形象性明示语意加以展示，对产品的使用者具有指示作用，并有机地作用于人们的视觉、触觉等器官。消费者通过产品形态中的指示符号了解产品及其构件的功用，结合以往的生活经验，作出"这是什么产品"、"如何使用"、"性能如何"或"可靠性如何"等逻辑判断，从而进一步理解产品的效用功能和掌握使用方法。

内涵性意义是与符号和指称事物所具有的属性、特征之间的关系有关。它是一种感性的信息，更多地与产品形态的生成相关，是在文脉中不能直接表现的"潜在"关系。即由产品形象间接说明产品物质内容以外的方面——产品在使用环境中显示出的心理性、社会性或文化性的象征价值，也就是个人的联想（意识形态、情感等）和社会文化等方面的内容。它比外延性意义更加多维和开放，是以外延性意义为前提，这两者实际上也是联系在一起的。没有功能的产品便不称其为产品，内涵性意义再如何也无意义。内涵性意义不能单独存在，它更多地寄寓在形态的隐喻、转喻等之中，与形态融为一体，从而使形态成为内涵性意义的物化形态。这种意义只能在欣赏产品形态的时候借助感觉去领悟，使产品和消费者的内心情感达到一致和共鸣。内涵性意义，体现着产品与使用者的感觉、情绪或文化价值交汇时的互动关系。因此，指向并不使得产品与其属性形成固定不变的对应关系，这使同一产品面对不同的观者，有时会理解出不同方向或程度的意义。

1.2.3　自然对象的符号学分析

根据上文对皮尔斯的符号学理论的探讨，符号是由符号形体、符号对象和符号解释构成的三元关系。三者缺一不可，任何事物若没有表现出这三种关联要素，它就不是一个完整的符号。一个自然物，在我们没有对它赋予一定的意义时，作为符号，它是不完整的，它的能指并没有得到发挥，只有我们对这一符号产生一定的联想，并且通过联想赋予其一定的意义，他才能实现所指功能。这种意义与符号形式的组合恰好构成一定的有机结构，形成一个集能指和所指于一体的符号系统。自然物本身是没有意义的，好比原始森林中的一朵玫瑰。而一旦把玫瑰置于人类生活环境中，它作为爱情、圣洁等各种象征的意义就凸显出来，并成为符号，为人们所利用。我们所认识的自然都是经我们的经验诠释过的符号系统，存在着符号三要素，能够传达出一定的意义，并且在一定的环境中，通过媒介向人类传达某种信息和功能 [5]。

在对自然对象的符号认知过程中，由于自然物与人们认知心理的长期交互，人们根据自己的生活经验，往往会赋予自然物以一定的寓意，从而产生了自然符号的象征功能。自然色彩也有着非常丰富的表现形式和表现内容，二者紧密结合，有时我们也会赋予自然对象的色彩一定的含义。通常我们把自然对象的色彩、自然实体和实体所代表的含义联系在一起，看到橙色，我们马上联想到橙子，然后就把橙子的酸味联系进来。从符号学的角度来看，自然色彩对外界传达了物体本身的特定信息，这种本身的特定信息就是其适应外界环境的能力，即自然物体的机能。人们在对自然色彩的认识过程中，逐渐根据植物色彩的机能和物理属性，赋予色彩以不同的象征功能，它不受客观规则的约束，是人们的主观认识。因此，我们所认识的自然色彩，具有符号学意义上的能指和所指功能，各种色彩按照色彩构成法则，就成了不同的符号系统。同样对生物体进行符号学分析时，符号的内容不仅有生物适应环境的机能，还有其特定的象征意义。一般来说，这种象征功能更应该是设计师关注的对象。

在日常生活中，人们的举手投足，一颦一笑，通常都是某种思想感情的流露，用符号学的术语来说，传达了发讯者的某些讯息，是一种无声的语言。人和生物的体态或姿势，我们可以视为一种体态符号来分析和思考，体态符号是由人体或生物姿态发出讯息的一种复杂的表情符号系统，包括面部表情符号、身姿符号、体动符号等。体态符号，可以为先天所具有，也可以是后天习得 [6]。例如喜怒哀乐这类传达人类基本情感的符号，就是与生俱来的本能；而比如握手、接吻和拥抱等礼节，则为后天习得，具有明显的民族文化和时代的特征，再如点头、摇头、扭头和磕头等是头部的不同运动方向来传达讯息。在产品设计中，如何从人或动物的体态符号中取得意义，从而产生功能上的认知和操作上的交互，让产品也有表情，是我们应该注意的一个问题。

图 1-1 "Nabatag"（兔子的意思）的设计可以用来做进一步的解释，作为一款富有技术含量的"宠物"，Nabatag 兔会说话，会发牢骚，会表示开心，也会吹口哨；它是一个有趣的无线通信产品，通过声、光和耳朵的晃动向用户传递信息，也可通过设定大声读出传入的 RSS 内容、电子邮件和文字信息。"兔子"通过集群 Wi-Fi 网络来进行工作，其功能主要包括：利用点亮黄色指示灯来预报天气晴朗的状态；配备一个带图案的灯光来指示组合来表示股票价格的变化；当有来电的时候，通过预设的方式，"兔子"头上的耳朵可以旋转摆动；另外，还有一个功能是通过手机短信，令"兔子"

发出震动并显示出红色的灯光，提醒你短信的到来。"兔子"已被设计出多个版本，譬如儿童版本，用户可以使用手机短信，通过"兔子"的媒介作用，召唤孩子们吃饭和其他约会活动。这个设计明显地从兔子的体态和表情中取得意义，让使用者更好地理解其功能，更易于人机交互，从而显得轻松，充满趣味。

图 1-1　Nabatag 电子宠物

1.2.4　设计的修辞转向

一般而言，我们可能会认为修辞多用在诗歌等多种文学艺术作品中，就文学创作而言，通常诗歌或散文都会难于记叙文和说明文。原因是前者在于表达思想，需要创意、联想、意象等比较独特的方式，后者在于陈述事实，因而相对更理性、话语更直白，结构上也更注重套路。设计创造所追求的显然不是平铺直叙的记叙文和按部就班的说明文，忽略了修辞，物理功能类似的产品将会拘泥于外延意义，而显得千篇一律，产品意义的表达也将苍白无力，用户对于产品的丰富体验更无从谈起。修辞赋予了我们多样化的途径来述说"这一事物是（或者像）那样的"，用不同寻常的方式表达特定的内容，从而产生了丰富的内涵意义。修辞绝不是形式上装饰和点缀，而是世界多样性和变化性的基本保证。

如今，设计中修辞的运用正变得越来越频繁，日新月异的设计技术使复杂修辞的运用成为可能。毕竟设计不会永远只是对黑和白、直线和方块的隐喻，当代的设计话语也已经不是现代主义千篇一律的外交辞令了。设计是用来创造而不是维持我们所处世界的面貌。设计创意需要敏感的眼光，设计师需要习惯用新鲜好奇的眼光来看待世界，对看似普通的事物都能够产生足够兴趣。因此可以试着多问问自己，为什么这个事物一定要这个样子，换种别的样子不行吗？

1.3 课题研究的思路与框架

基于教学的角度展开产品仿生设计研究及其实践探索并非随意所想，是出于平时的教学和个人的设计兴趣逐渐产生的想法，多年来一直担任《设计研究》课程的教学，该课程尝试以产品仿生设计专题形式展开教学，在教学实施的过程中发现了许多需要解决的问题，对这些问题深入思考，并不断地将一些思考心得、收获和理解运用于《设计研究》的教学和产品开发实践中，通过不断学习、实践和研究，从最初的困惑到逐步的认识，到更深入地理解和运用它。因此本课题的思维过程是从实践中发现问题，从理论上解决问题和回归到实践中（图1-2）。

图1-2　课题研究思路

仿生设计是工业设计的创新设计方法之一，所以仿生设计的过程也遵循工业设计的程序。但在产品仿生设计中，由于初始概念的差异会造成设计程序上的不同，有些是从产品概念开始到生物概念，有些是从生物概念开始到产品概念。由于设计需求与目标的差异，产品概念与仿生概念之间表现出不同的关系特征，也导致仿生设计程序之间的差异[8]。

从产品概念开始到生物概念的产品仿生设计，是由产品概念主导的仿生设计，往往是在整个产品设计程序实施的发想阶段，作为一种设计发想的思维创新方法而发挥作用的。在设计发想阶段，设计目标明确，产品概念往往已经形成，采用仿生设计是希望通过对自然生物的研究回答"可以是什么"，进而生成符合设计目标与产品概念需要的仿生设计概念。

从生物概念开始到产品概念，是由生物概念主导的仿生设计，是从对自然生物的观察积累与研究发现中得到启示，然后产生仿生的思想意识，进而生成生物概念，最终在生物概念主导下寻求对应的产品概念进行产品仿生设计。从生物概念到产品概念的仿生设计，往往回答"能做什么"的单纯设计研究与创新的思考与探求，具有一定的主动性与无目的性，由此导致仿生设计程序和仿生学的研究程序相类似。

笔者在教学实践中，以上面两种仿生设计思维的思路为基础，逐步形成了两种具体的、操作性较强的方法，其步骤如下（图1-3、图1-4）：

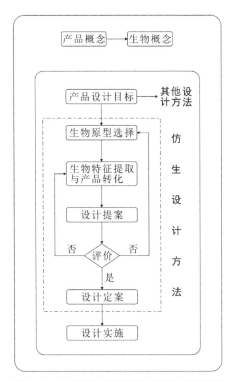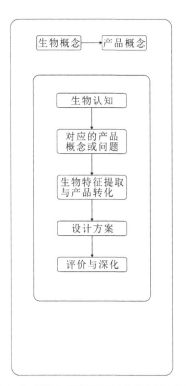

图1-3 产品概念到生物概念的仿生设计程序　图1-4 生物概念到产品概念的仿生设计程序

上面两种方法在教学实施的过程中，发现学生在认识和理解上存在问题和困难，这些问题和困难往往又在关键的步骤中，而这些也成为本书写作的目的和初衷。笔者就教学的效果，访谈了一些学生，他（她）们提出了一些疑虑和很多宝贵意见。根据他（她）们的反映，现将一些关键性的问题概括如下：

①多数学生没有从整体、综合的角度建立一个仿生的观念，往往将设计的部分特征当作"仿生设计"来理解。

②当产品设计目标明确情况下，面对众多仿照生物，怎么选择原型和生物特征，并且能否有助于目标产品的功能认知和语意传达，成为众多学生感到棘手的问题。

11

③在从生物概念到产品概念的仿生设计中，通过对生物的认知后，怎么找到和发现生物与产品有关联的地方，从而生成好的产品概念，学生在这个步骤中困难重重。

④很多同学在对生物形态提炼和运用时，总觉得被束缚在具象仿生的层面上，认为自己设计创作仅仅是生物形态的拙劣再造，感到沮丧，并对设计方案有厌腻心理。需要强调的是，作者无意否定具象形态的仿生设计，但是学生在设计创作的过程中却有突破这种情况的内在需要。

⑤诸多工科类工业设计专业学生，由于手绘基础的问题，在提取和转化生物形态特征的时候感到吃力，较难深入，最后的设计效果不理想。

⑥设计方案评价和取舍的问题，怎么去评价仿生设计的优与劣。

通过比较图1-3和图1-4，可以发现两种方法之间虽然存在一些差别，但在具体的步骤中存在诸多相同的内容，因此依照产品仿生设计的程序，并结合这些关键性的问题，展开本课题的研究和阐述，也形成了产品仿生设计研究这本书的框架。

1.4　研究的目的与意义

在于教学，本书就是基于产品仿生设计教学中遇到的困难和问题而展开的研究，其获得的研究成果、理论和经验对以后的产品仿生设计的教学实施毫无疑问是有帮助，具有现实的意义。

在于设计实践，本书的相关研究有利于设计人才能力的培养，对训练学生的创造性思维有很好的引导作用，并能为设计师的设计实践提供可借鉴的思路，拓宽产品设计的方法和途径，从而影响到实际的创作。

在于理论研究，本书从教学的角度来进行产品仿生设计的研究，而立足于这个角度的研究在国内也为数不多，因此有利于深化产品仿生设计的研究成果。更希望借此抛砖引玉，激发更多的同行从事这方面的研究，以在产品仿生设计教学上形成一套比较系统的理论。

第二章　产品仿生设计的类型

　　由于仿生设计的研究领域非常广泛，所以仿生设计的类型可以从不同的角度产生不同的层次和方向。根据前面的分析，当产品作为符号的载体时，存在着语构学方面的规则，且其语构学的规则着重于处理造型语言词汇之间的结构关系，体现在产品要素在结构上的有序性。一个完整的产品是由诸多要素构成的，产品自身的要素有形态、结构、功能、材料、色彩、肌理等，此外，对象、技术、环境是产品的外界影响要素。而我们也可以从符号学的角度来认识生物对象，以自然界万事万物的形、色、音、功能、结构等特征为认知和研究对象。这样的话，根据符号的语构学规则，我们可以基于生物特征的认知与产品的构成要素的相关性，找到它们之间对应关系来进行产品仿生设计分类。

2.1　形态仿生设计

形态仿生按照各种不同的尺度标准又可细分，比如从维度上，可分为平面形态的仿生和立体形态的仿生；从对生物形态的取舍上，可分为整体形态的仿生、局部形态的仿生；从生物的所属种类来分，可分为植物、动物的仿生等[9]。下面拟从维度上进行深入的分析。

2.1.1　二维形态仿生

二维形态的主要内容与表现特征是图与形，往往根据生物的边缘轮廓、具体特征，用抽象的、几何概念的点、线、面来表达，使生物特征具备设计的基础语言特征，为产品化的应用创造条件。如图2-1牙科器械公司的标志设计，分别提炼出鳄鱼头部和千鸟的二维形态，并利用鳄鱼和千鸟的客观互惠关系（千鸟经常在鳄鱼嘴里啄食寄生虫），来表明公司的核心价值。

图 2-1　牙科器械公司标志

2.1.2　三维形态仿生

三维形态主要内容与表现特征是实体与空间。如果考虑时间与运动的特征，那么可以再分为静态和动态的仿生。

1. 静态仿生和动态仿生

静态的仿生应选择能体现生物个体或类别形态、概念特征的生物外形整体或局部的轮廓，或某一视角的平面或立体形作为仿生设计的对象与素材，然后对这些素材进行提炼加工和抽象概括，强化和突出具有鲜明生物个性的外形和美感。最终结合产品概念和产品设计的要素进行仿生设计。

动态仿生立足于对仿生对象进行空间、立体和时间等多层面的认知和研究。从不同视角和环境条件出发，对其进行不同姿态、动态、状态和美感特征的观察、记录与归纳概括，寻求最佳的设计原点。模仿生物的姿态或动态不仅是为了丰富形态的视觉效果或增强产品意象的趣味特征，而且应该关注生物动态对产品概念的表达和对产品功能的意义。有许多仿生设计产品由于生物动态与产品功能、操作和使用动态的巧妙结合，使产品语意更加清晰、明确、产生形象而生动的类比与联想的效果，从而使产品的功能与形态更好地融为一体。

如图 2-2 是日本设计师 Isao Hosoe 设计的"苍鹭"台灯，外形简洁但苍鹭的特征捕捉得惟妙惟肖。这盏灯最为独特的特点就是虽然高度发生变化，但灯头始终能和工作面平行，而这一点是因为应用了平行四边形机构。"苍鹭"台灯的灯头、灯杆、灯座三者之间通过活动的机构连接，正好与苍鹭的头、身体、腿之间的关节一一对应，形成了绝妙的功能符号阐释。该产品的动

图 2-2　苍鹭台灯

态仿生主要表现在产品在被使用时所发生的变化，与所模仿的生物原型在活动时发生的变化具有对应的关系，使产品的结构和生物原型的结构协调一致 [10]。出色的形态、靓丽的色彩、杰出的功能、巧妙的结构以及这些要素的互相融合和协调，使得它成为一个令人难忘的设计。

2. 混合形态仿生

在三维形态仿生存在一种将多种不同生物的形态特征进行组合的仿生设计的现象，笔者在后文中将这种混合形态的仿生称之为异型，这种手法在二维的平面设计中比较常见。

如图 2-3 所示为鸭兔图，正看似鸭，侧看似兔，不同的观察角度、不同的经验和想象得出不同的结论。如图 2-4 毛绒玩具在设计上将羊和狼的形象巧妙结合，增添了玩的趣味性，同时又让人与寓言故事"披着羊皮的狼"联系起来。这两个作品都是混合形态的仿生设计。

2.1.3　二维和三维结合的形态仿生

笔者在对资料的分析中，发现有一种情况，将生物的二维和三维的形态融入产品的设计中，形成一种有趣和奇怪的设计，比如图 2-5 法国 ibride

图 2-3　鸭兔图　　　　　　　图 2-4　毛绒玩具——披着羊皮的狼

图 2-5　法国 ibride 公司设计的家具

设计公司一组以动物为主题的新意家具，形状像狗、鹿和鸵鸟，上部是动物的平面形象，下部又是模拟动物形象的三维造型，由平面设计师 Rachel Convers 和工业设计师 Benoit Convers 根据各自专业的理解合作完成的。

2.2　功能仿生设计

功能仿生设计主要研究自然生物客观存在的功能原理与特征，从中受到启发，并利用这些原理去改进现有的或促进新的产品设计。

因此，在工业设计中注重功能仿生设计的应用，能从极普通而平常的生物结构功能上，领悟出深刻的功能原理。科学家根据蜻蜓的飞行原理成功研制了直升机；根据加重的翅痣蜻蜓在高速飞行时安然无恙，人们仿效其在飞机的两翼加上了平衡重锤，解决了因高速飞行而引起振动的问题。生物科学技术的发展使得器官功能仿生得到广泛的应用，对人类的生命和健康造成巨大的影响，如模拟肝脏，根据活性炭或离子交换树脂吸附过滤有毒物质，制成人工肝解毒器。

2.3　结构仿生设计

自然界的生物经过亿万年的进化与演变，令存在于世间的每一种自然生物都拥有自身巧妙而实用的、合理的、完整的形态和独特的结构。结构仿生设计不仅仅研究力学结构，还包括物质宏观和微观的组织原则，通过研究生物整体或部分的构造组织方式发现其中与产品的潜在相似性进而对其模仿，以创造新的形象或解决新的问题，常见于产品和建筑设计中。

如蜂巢是由一个个排列整齐的六棱柱形小蜂房组成，每个小蜂房的底部由三个相同的菱形组成，具有结构稳定、用料省、强度高和结构轻等众多优点，令许多专家赞叹不止。在蜂巢结构的启发下，人们仿制出了蜂窝结构材料，具有、重量轻、强度大、不易传导声和热等优点，已被广泛运用于航空、航天等高科技领域，甚至日常产品设计中。

图 2-6 是设计师 Joris Laarman 设计的骨椅（Bone Chair），根据人体骨骼生长的规律设计的，在人体骨骼中，有一种破骨细胞通过移走骨头过剩的物质，使得骨骼保持一种最高效的结构形状。Laarman 使用了德国生物力学教授克劳斯·马特海克研究的软件，在 Opel 公司 IT 部门的协助下，虚拟了一个像凹陷的山谷的立方体，形成了一个椅子形状的粗胚，计算机软件程序然后计算和评估在使用状态下该结构框架的受力分布，没有承受压力的部分将被去除，直至留下了一个框架，它的每一个部件结构都是按照所支撑的重力被精确的塑造 [11]。Laarman 的骨椅就是将所希望的椅子的重量和承重力数据输入电脑，软件程序模仿人体骨骼的生长方式"生长"出来的一把椅子，结果是凸显骨骼，每一根支柱都发挥了其结构功能。

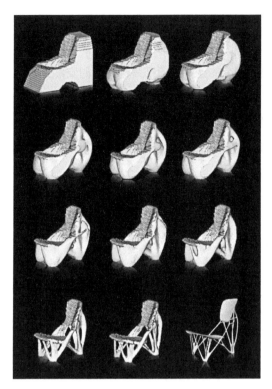

图2-6 骨椅"生长"过程

2.4 材料仿生设计

人们不但从形态、功能、结构去模仿生物，而且从生物"皮肤"对环境奇特的适应能力中也可得到不少启发，学习与借鉴大自然自身内秉的组织方式与运行模式来进行材料的制造。有时候科学家研制的某种新型材料，发现其基本原理与生物的组织构造原理不尽相同，而且，通常天然材料比人工材料更耐用，使用效果更好，因此，当希望得到新的理念时，不妨从大自然中去寻找答案。

如悉尼奥运会最引人注目的技术革新是"鲨鱼皮"泳衣，从头到脚把人紧紧包住。鲨鱼在水中的高游速，得益于它皮肤上的∨型褶皱，可以减少水的阻力，使水流顺利通过。"鲨鱼皮"泳衣的超伸展纤维是仿鲨鱼皮的，符合流体动力学原理，有助于提高运动员在水中的速度。

据报道，德国斯图加特某公司正在研究企鹅皮毛特殊的构造原理，希望能够运用仿生学开发体育服装面料。在寒冷的南极，企鹅体内的温度仍可达

40℃，其魔法在于皮毛羽小枝上的小结微小并相互钩连结合，其精巧紧密的构造可形成大片的表面积，并且相互之间空隙极为狭小，通过相互之间的摩擦而阻止空气流动，从而避免热量损失。同时，皮毛所含的角质素也有助于保持热量。通过分析模拟，这些微观结构的物理模型已经初步获得，将有利于启发研制出类似的纤维制品。企鹅在水中能够保证皮毛的"隔离层"始终干爽，也可能与此微观构造相关，是一个非常值得关注的特点。

2.5　色彩仿生设计

色彩仿生在产品设计中是非常普遍的，生物色彩的研究应是工业设计重要的基础内容之一。

自然界中存在着千姿百态的色彩组合，在这些组合中，大量的色彩表现出极其和谐、统一及秩序感，一些斑斓物象本身就映衬着色彩理论中的各种对比与调和关系，自然色彩许多是经过不断地进化而形成的，这些色彩组合一方面能反映出物种和性别的差异，另一方面则是出于吸引、暗示、防卫或警示的生存需要。我们必须多留心，通过观察和分析，去探索和发现它们独特的色彩规则，通过解构和重构，把大自然的色彩美彰显出来，并从中吸取养料，积累配色经验[12]。

大自然美丽的色彩是色彩借鉴最直接的来源，成熟的桃子、橘子等水果，山、水、湖、彩虹、晚霞等自然色彩被设计师灵活地运用于色彩的匹配中。主要有以植物、花卉和动物联想命名，如茄色，与生活中的茄子的色相比较类似，性紫，是富贵之色。又如桃红、玫瑰红、葱绿、象牙白等，这样的命名含义明确，非常具有诗意，使人能够产生对美丽自然界的丰富联想。

运用色彩仿生时，在对物象外表色彩分析的同时，亦要对其所处环境进行分析，在这一环境下这种色彩有什么功能？要研究为何是这种色彩及其形成规律？如黄蜂的外表呈现黑色和黄色的强烈对比，用以指示危险，警示捕食者，让其意识到进攻或捕它会遭叮咬，至少会感到不舒服，也许吃后会中毒。同样的颜色对比也用在交通指示标牌和危险地段的警示牌[13]。这表明人类的眼睛在运用同样的规则模仿和感知那些在自然界非常有效的色彩对比和调和。

19

2.6 肌理和质感仿生设计

肌理和质感是依附于形态表面的细微纹理和效果，主要有两种，一种是加工形态过程中产生的结果，如皮纹肌理、金属拉丝质感等，另一种则是后来附加的，如喷涂、贴膜等，设计师根据生物的表皮特征和质感，运用特定的工艺，可以呈现酷似天然质感的纹理，在产品中体现十足的自然风味和人情味。

在市场上很畅销的皮夹、皮带、长筒靴，其表面肌理常采用眼镜蛇皮、鳄鱼皮，在拉紧状态下，其最薄弱的地方会产生的蜂窝状的效果。如图2-7日本设计师深泽直人的包装设计模仿香蕉表层色彩和质感的变化，让人马上联想到香蕉，然后把香蕉的甜味联系进来，进而推测到果汁的原料和味道，通过已存在于记忆中的味道来唤醒对物品的认知，在命名上用"banana juice"更加表明了设计师的意图，真是借的巧妙、构的新颖。

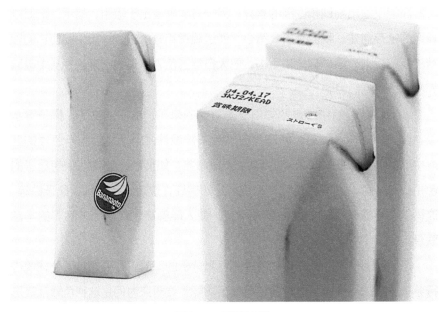

图2-7 香蕉汁包装

生物的形态、色彩、质感、功能、结构等方面特征固然是产品仿生设计应重点研究的内容，但有时候我们也可以将生物的其他特征融入产品设计中去，生成巧妙的概念。如图 2-8 所示是台湾艺术大学罗立德设计的作品欲望调味罐，利用蚂蚁喜欢吃甜食的个性特征，蚂蚁靠近出口孔的即是糖罐，躲得远远的则是盐罐，是一个非常直觉的设计，易懂又便利。

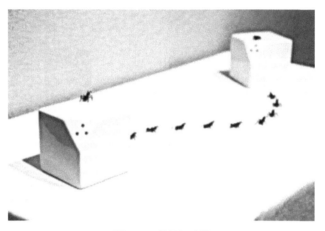

图 2-8 欲望调味罐

图 2-9 蒲公英灯除了外形模仿蒲公英外，其内置运动传感器，只要轻轻摇动就可以开启，当关闭的时候，只需把它想象为蒲公英，对着吹口气，灯珠的熄灭如同飞舞的种子在眼前飘离。这毫无疑问会激起人们与自然世界过往存在的回忆与体验，想象一下"手握一株蒲公英，轻轻地吹拂，蒲公英种子纷飞的唯美景象"，这是一种多么自然的交互方式。所以，生物与人类建立起来的特定的关联，被赋予的主观意义与象征，都是需要设计师去认知和关注。

对工业设计来说，一个完整的产品设计必然要包括功能、结构、材料、形态等一系列的要素和特征。因此当我们谈及一件产品的设计时，绝不能将其各部分割裂开来，以偏概全。就仿生学的研究来说，长期的进化过程使生物的形态、结构和功能达到了高度的统一，生物的各部分与整体必须保持高度的协调，因而通过模仿生物系统建立起来的实物模型也不仅仅是对生物某一结构、某一形态的简单借用和模仿，而是包括了整个模型与外界的信息交换以及模型内部的自我调整[14]。因此在产品设计中，单纯地从形态、功能、

图 2-9　蒲公英灯

结构或材料等某一个方面来仿生是很少见的情况，更多的是综合了结构、功能、形态等方面，从整体、系统的角度来进行的仿生设计，既从自然界的个体表现形式，又从自然界的总体生存理念进行仿生设计。总之，不管是认识产品仿生设计还是进行产品仿生设计的实践，我们都需要建立一个综合、整体的产品仿生设计的观念。

第三章　产品仿生设计中生物原型和特征的选择

　　在产品仿生设计中，不仅仅要注意产品外延性意义的表达，更要强调内涵性意义的充分体现。这样的话，产品的仿生就不应仅仅停留在生物外形的模拟中，而是将生物与产品之间的诸多方面，比如形态、色彩、结构、质感、肌理等特征联系起来，有机地融入于产品的设计中，有效地营造和传达产品的语意，在满足产品造型要求的同时，又突出了生物独特和本质的特征。如何有效地发现生物与产品之间的逻辑关联，将其融入产品设计的概念中，并有利于产品功能认知和语意传达，是产品仿生设计成功的关键因素之一，这也是教学中一个突出的困难。出于对这个问题的思考，笔者在特征属性的逻辑构架的启发下，尝试建立"物－心－物"的逻辑构架，利用这个框架理解生物和产品之间的逻辑关联性是如何营造和生成的，并进一步明确生物原型和特征选择的原则和方法。

3.1 特征属性的逻辑架构

以语意学的论点来看，使用者与产品互动之后所引发的感受，极为适合引用人与物之间互动的逻辑架构。台湾学者林铭煌在《比喻式设计的逻辑与产品功能认知之关联》的论文中，完整地详述了比喻设计逻辑在产品造形及意义上应用。林铭煌借用文学上的文献，有系统地分析比喻设计的定义，并推理出期间复杂的逻辑架构，及应用这些逻辑构架来推展列举产品实例解释符号在实务设计上应用的巧妙之处及产品与符号之间的视觉关联性，以尝试厘清比喻设计手法之区别[15]。

图3-1是林铭煌所推理出的逻辑架构，其中描述：A 为——已知物（在此视为符号）拥有一个典型之外观 As，且同时具有特征属性，这群属性定义了实体 A 在我们心中的概念。X 为——欲设计之对象物，具有尚待设计的外观 Xs，也具有多项的特征属性。此逻辑架构乃是探讨"物－物"之间的模型，限定于解释比喻设计手法在产品设计的运用，有助于厘清设计物与已知物符号之间的关系。

而本研究将会转移并延伸关注焦点，并推展转换为"物－心－物"之间的模型，利用这个模型讨论设计师是怎样形成产品仿生设计的概念，使用者又是如何认知和理解（图3-2）。

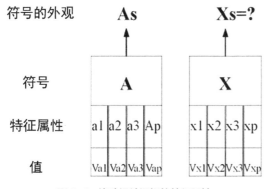

图3-1 比喻设计逻辑的特征属性

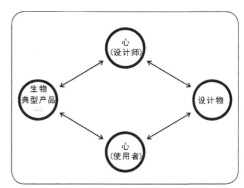

图3-2 物－心－物之间的关系

3.2 "物－心－物"的逻辑架构

此处的"物"前者主要指的是生物和典型产品，后者"物"指的是设计对象，在本文论述中称为设计物。典型产品是设计对象的同类产品典型形象，习惯上，我们在决定产品的类别时，是以该类产品（某个时期）的典型造型为中心的，某造型越接近典型产品造型，我们就越能确定它是哪类产品；反之，离典型产品造型越远，则越不容易识别、分类。此外，必须注意到，典型产品造型会因新的产品造型的大量出现而被取代，这一转变是渐进的过程。"心"指的是心象，包括设计师和使用者的心象，对于心象的概念，后文有详细的解释，因为心象涉及的对象与范围很广，为了讨论的方便和研究的深入，我们主要涉及生物和典型产品所构成的心象。

在人类的哲学探求过程中，对物有详细的、多样的探讨，其中对于物质的特征属性，有更深入的分类，包括有形的质量，甚至形而上的概念。在此本研究的逻辑架构里，为便于探讨，特征属性则泛指构成物（包括产品）本身的物理属性或可借以描述、辨识某物之特性或特质。

心象来源于心理学的一个概念，简单地说就是存在于人心。所谓心象是指不凭感官，只凭记忆而使经历过的事情在想象中重现一遍[16]。在心理学上被视为一种想象，一种新思考或感觉的来源，也被认为一种人们可以对环境中的真实事物在内心详加陈述的感官像，或被视为一种来自内心刺激而呈现出一连串自我显露的结果。基本上心象是一种形成观念的过程，有别于一般强迫性的思考。每个人都有在心中描绘事物的能力，例如，当看到玫瑰二字，除物象之外，还会兼有玫瑰芬芳的香味，当然也会联想到爱情，这是玫瑰约定俗成的象征意义，此即心象。

在认知心理学模式识别（Pattern Recognition）研究中，特征识别理论是一种重要的模式识别理论。根据这种理论，模式是由若干元素或成分按一定关系构成，这些元素或成分可称为特征，而其关系有时也称为特征，模式可分解为诸特征。根据特征识别理论，特征和特征分析在模式识别中起着关键的作用，外部刺激在人的长时记忆中，是以其各种特征来表现的情况。在模式识别过程中，首先要对刺激的特征进行分析，即抽取刺激的有关特征，然后将这些抽取的特征加以合并，再与长时记忆中的各种刺激的特征进行比较，一旦获得最佳的匹配，外部刺激就被识别了，这就是一般的特征分析模型[17]。人们对特定的事物的形式和类别有一定的认知印象，也代表着一些语意记忆中有系统、有组织的知识结构，许多认知心理学家称这样的类似结构为认知基模（schema）。因此，我们可以认为心象也是由多项的特征属性构成，这些特征属性也同时是认知基模的属性。当人与物互动，并不只是接收物表面所提供的信息，而是会以特征属性中相关的信息唤起记忆中相关的知识，并以过去相关的知识来统领所接受的信息。

需要指出的是，每个人由于生活经历、知识和专业背景等的差异，其对物的认识和理解也存在差别，故设计师和使用者构成的心象自然存在差异，但是两者存在共同的经验区域，为设计的沟通和传达提供了基础。施拉姆（Schramm）传达模式（见图3-3）有助于我们对这个问题深入的认识，他认为传达的过程不只是一个单向式的传送方式，而是在经验领域（Field of experience）中，经由交流与交集方式来建构信息传达的过程。共同的经验领域，就是两者经验领域的交集，也是最有效的信息传达区域。

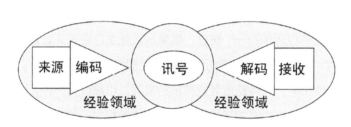

图3-3　施拉姆传达模式

施拉姆以经验领域的方式，解释来源者所要传送的信息与接受者所能接收到信息之间的差异。经验领域的不同，会使得来源产生的信息与接受者所还原的信息，产生理解意义不同的可能性。传达者与接受者之间有可能产生不同的认知结果，是因为经验范围的不同而构成[18]。

本次研究借用以上设计逻辑，探讨"物"、"心"与"物"之间的互动，也就是设计师和使用者对生物和典型产品认知以及这些心中的认知与设计对象物之间对应的关系。其逻辑架构主要描述为：生物用 B（Bionic）来表示，可以视为由多项的特征属性 B_1，B_2，B_3……B_N 来描述，每一项特征具有特定的值（Value）V_{B1}，V_{B2}，V_{B3}……V_{BN}；典型产品用 P（Product）来表示，视为由多项的特征属性 P_1，P_2，P_3……P_N 来描述，每一项特征具有特定的值 V_{P1}，V_{P2}，V_{P3}……V_{PN}（图 3-4）。而心象则从设计师和使用者的角度来分析，分别用 H（Heart）和 h（heart）来表示，它们分别用多项的特征属性（后文称之为认知基模）H_1，H_2，H_3……H_N 和 h_1，h_2，h_3……h_n 来呈现，每一项特征具有特定的值分别为 V_{H1}，V_{H2}，V_{H3}……V_{HN} 和 V_{h1}，V_{h2}，V_{h3}……V_{hn}（图 3-5、图 3-6）。设计物 D 用多项的特征属性 D_1，D_2，D_3……D_N 来呈现，其值分别用 V_{D1}，V_{D2}，V_{D3}……V_{DN} 来表示（图 3-7）。

图 3-4 生物和典型产品的特征属性

图 3-5　设计师心象构成　　　图 3-6　使用者心象构成　　　图 3-7　设计物的特征属性

下面通过举例来说明逻辑架构如何应用到产品仿生设计中，并分析生物和产品之间的逻辑关联性是如何产生的。

图 3-8　Dr. Skud 苍蝇拍

以 Philippe Starck 创作的 Dr.Skud 苍蝇拍（图 3-8）为例，其网状的拍型、手握持的造型，这些特征属性都传达着清晰的信息，这是典型苍蝇拍约定俗成的概念。但是 Philippe Starck 却将棋盘式的网状穿孔构成看似毫无关联的人脸图案的特征属性。这一特征的营造，使得不管家里有没有苍蝇，人们都会忍不住要买一把这样有艺术气息的苍蝇拍。当在挥打苍蝇拍的动作情境下，使用者在以往视觉和认知经验的参照下，与心象比对，却产生了拿脸去打苍蝇的联想，有趣地让拍打脸与打苍蝇构成微妙的逻辑关联，激发使用者的多重体验。若进一步讨论，柄部尾端有三支尖细的支撑脚，直立的三脚支撑的苍蝇拍构造了一站立的人脸的形象，让一些使用者认为，这张人脸看起来正在寻找苍蝇，是一种抽象的拟人化的设计。仍是这张人脸图案，部分解读者注意到这张脸的眼睛是斜视的，似乎在搜寻什么，还带着某种情绪。在此，读者可以试想，若植入的元素是花朵图案、蝴蝶图案等等其他设计，对使用者的感受是否相同？由此可见，在设计实践中，设计师必须对较关键的特征属性加以操作，找出语意上特别的元素，植入设计中，营造和强化作品的感染力，从而打动使用者。其心与物的逻辑架构如图 3-9 所示，设计师在编码（概念形成）的过程中，更着意在心象中如何发掘生物和产品之间的逻辑关联所在，去营造设计物的特征属性，从而生成新的设计概念。而使用者在对设计物的特征属性认知后，并调动储存的记忆，在设计物和心象之间比对，在解码的过程中进一步体会到设计中的逻辑关联所在。由于设计师和使用者的心象存在差异，因此设计师营造的逻辑关联和使用者体会到逻辑关联是有所差异的。根据上面的分析，对使用者来说，Dr.Skud 苍蝇拍的设计至少可能产生三种逻辑关联（图 3-10）。

29

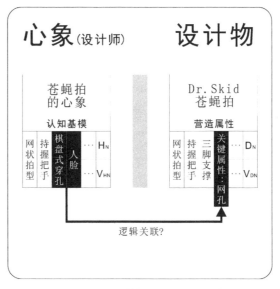

图 3-9　Dr.Skud 苍蝇拍心与物的逻辑架构 1

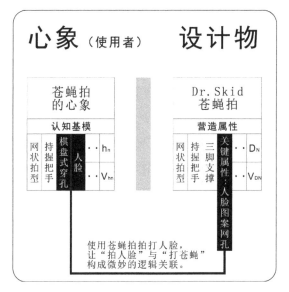

图 3-10　Dr.Skud 苍蝇拍心与物的逻辑架构 2

在 2000 年日本名古屋国际设计比赛中有一件碎纸机的作品（图 3-11），获得金奖。这件碎纸机作品是简单的方形，并在两端配有两个支架，所不同寻常的是它把纸张切碎成树叶形，废弃的文件被切割成树叶形的纸片像叶子一样飘落到地面，并由人工打扫，这整个过程给人以秋叶飘零的感受，设计中一丝丝的趣味和传统也一并带了出来。

通过分析我们容易理解作品所参考的原型是秋日树木落叶的情景。而这一原型情景在日本传统文化框架中有着特殊的文化含

图 3-11　碎纸机

义，对秋叶飘落的感官常常被引申到对死之静美的欣赏和关于生命轮回的哲思。正如日式唯美主义的代表，日本作家三岛由纪夫所言的"死如秋叶之静美"正可以形容这一由生到灭、寂静优美地消亡的审美历程，对其无私奉献精神的赞美；同时这一过程隐含地象征了从树叶到泥土并再回归于树木的生死轮回。我们进一步来分析作品如何将文化的意义引用到自身，进一步揭示出其逻辑的关联性，一个重要的线索是形态上的引导。在我们印象中，纸本是由树木而来；在此基础上将废纸切割成叶子形，使人把碎纸与落叶联系起

来；其次是通过运动过程的相似性把纸之飘落（碎纸飘落到地面）与秋叶飘零联系起来；纸本为树，树死生纸；叶落为泥，泥又生叶；纸的废弃和再利用与叶的再生在生命历程上何等相似[19]。该作品中的形态和逻辑关系（图3-12）的双重作用使得消费者获得了多重的诠释，甚至提升到审美和哲学层面的顿悟上。

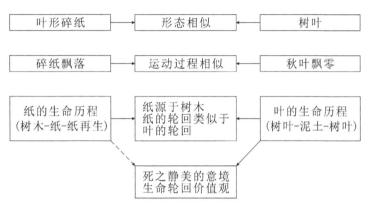

图 3-12 碎纸机设计中的逻辑关系分析

31

根据图 3-12 及以上分析，在这一产品中，所参考的原型是飘零的秋叶，原型中隐含的价值和意义是生命轮回的价值观与死之静美的意境。作品通过形态上的引导与逻辑上的关联性把自身与原型紧密相连，通过欣赏者的能动想象获得了原型的价值和意义。

3.3 思维导图法

在教学中，我们一直强调通过创造性思维去找到生物和产品之间的逻辑关联所在，并将其融入产品仿生设计的创作中。在产品仿生设计的教学中设计概念的形成阶段较常用的创造性思维有发散思维、收敛思维和联想思维等思维方法。尽管这些创造性的思维方法对于发现生物和产品之间的逻辑关联性以及产品仿生设计概念的形成都有莫大的帮助，但由于其主要是依靠设计师个人的想象、灵感、直觉及顿悟等思维而显得无序，在教学中也难于组织和操作。因此以上面的创造性思维为基础，在教学中逐渐发展出思维导图法来帮助学生发掘生物与产品之间的关联性，形成设计的概念。

3.3.1　思维导图简述

思维导图是英国著名作家托尼·巴赞发明的一种创新思维图解表达方法。它运用发散思维的原理，以任务主题或核心问题为中心进行发散思考，在思考的过程中把与任务、目标有关的关系、结构、要素等提炼为若干概念要素，并以能使人轻松认知的放射状图形方式表达出来，从而便于个人或集体在尽可能短的时间里抓住问题的关键，通过这种直观的图形方式加深对问题的认知和记忆[20]。

3.3.2　思维导图在产品仿生设计中的应用及其制作

思维导图的图形构建可以是文字、图形或者图文结合的三种形式。如图3-13、图 3-14 分别是以文字形式构建的"儿童坐便器"的思维导图和以图文结合的形式构建"香蕉"的思维导图。在"儿童坐便器"的思维导图构建中，分析了该类产品的典型特征以及使用方式和设计需要营造的目标和属性的基础，从其结构部件便槽盒、扶手以及骑式、趣味化等特征属性的描述中进行发散联想，并要有意识地朝生物的角度展开联想，这样才更有可能找到与它相关联的生物。在"香蕉"的思维导图构建中，则是从香蕉的形态、色彩、味道以及它与人们生活的关系等特征属性的描述中展开联想的，并要有意识地朝产品的角度去联想，这样才更有可能找到与它相关联的产品概念。

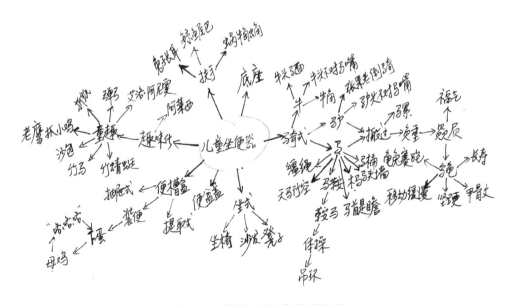

图 3-13　"儿童坐便器"的思维导图

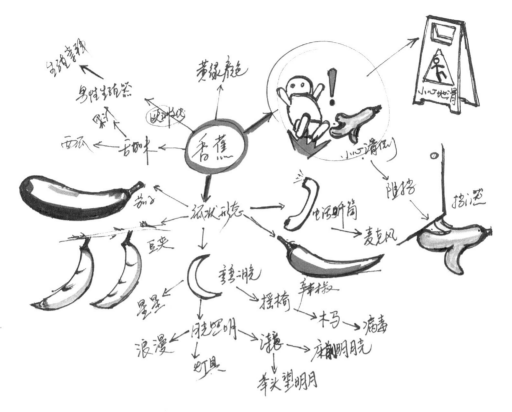

图 3-14 "香蕉"的思维导图

产品仿生设计思维导图的制作应注意以下几点：

突出重点

中心概念或主体概念应画在白纸中央，在产品仿生设计中，这个中心概念或主体概念一般指的是某种生物或待设计的产品。以"产品"为中心的思维导图，靠近中央的是该类产品的特征属性描述以及拟营造的产品目标和特性的描述，因此在制作思维导图时，首先需要对产品的设计目标的进行分析；以"生物"为中心的思维导图，靠近中央的是该生物的特征属性的描述。

使用联想

模式的内外要进行连接时，可以使用箭头，对不同的概念的表达最好使用不同的颜色加以区别。

清晰明了

每条线上只写一个关键词；线条与线条之间要连上；思维导图的中心概念图应着重加以表达。

3.3.3　思维导图法在产品仿生设计中的作用

在产品仿生设计概念形成的过程中，思维导图法具有以下作用。

有利于拓展设计师的思维空间，帮助设计师养成立体性的思维习惯。思维导图强调思维主体（设计师）必须围绕设计目标从各个方面、各个特征属性、全方位、综合、整体地展开联想，思考设计问题。这样设计师的思维就不会局限于某个狭小的领域。

有利于设计师准确把握设计主题，有效地发现生物和产品之间逻辑关联所在，并能有效识别设计的关键要素。思维导图可以帮助设计师从复杂的产品相关因素中识别出与设计主题相关联的关键要素，帮助设计师将隐含在设计事物和生物表层现象下的内在关系和深层的逻辑显露出来。

有利于群体的讨论和设计的交流与沟通。思维导图法有利于团体通过头脑风暴法展开讨论，从而积极唤起同学们参与对设计问题的思考，并有利于产生新鲜的主意和对事物进行自由的联想。其简洁、直观的表达方式，使受众可以迅速、准确地理解设计师思考问题的角度、范围，增强设计概念的说服力。

3.4　修辞辅助法

在语言上，修辞通常被用作一种有效的和具有说服力的语言技巧，其概念和方法已经扩展到了从建筑到电影的各种视觉符号领域中。产品仿生因其来源于对自然生物的模拟与变形，固然与初始的生物特征属性等内容存在关联性的方面，生物原型的选择，以及从生物形态到产品形态的演变和转化的过程中，与文学语言的遣词造句有异曲同工之妙。

我们讨论产品设计中的修辞，并不是为了创造全新的形态模式，而是更好地运用恰如其分的特征要素及其组合等，来营造意境，表述观念，引发情感，寻求使用者的共鸣[21]。这一点与语言中的修辞作为一种有效的和具有说服力的运用语言的技巧与艺术的作用有诸多相通之处。修辞方法的引入有助于我们在运用仿生设计方法时进一步清楚生物原型及特征与产品之间逻辑关联的性质。

3.4.1　隐喻

隐喻是在彼类事物的暗示下感知、体验、理解、谈论此类事物的心理行为、语言行为和文化行为。在语言学中，隐喻与明喻有着明确的区分，在结构上，明喻中有"像"、"若"等喻词作为提示，而隐喻中则没有相关暗示，因而明喻更容易理解；从发生学角度来看，明喻建立在人们所涉及的两类事物都比较熟悉的基础上，因此，明喻是一种特殊的隐喻。而在工业设计领域中，由于视觉符号的特殊性，其修辞方法则不存在这种区分。

隐喻是由三个因素构成的："彼类事物"、"此类事物"和两者之间的联系。由此而产生一个派生物：由两类事物的联系而创造出来的新意义。隐喻是一种形象取代另一种形象，而实质意义并不改变的修辞方法，并且这种取代建立在两种形象的类似性基础上。相似是工业设计中构成隐喻的基础，将不同范畴、经验域、知识库的事物并列对照，搜寻其中的相似之处，并相互转移，由此凭借用户对已知事物的了解和领悟，投射到陌生的事物中。隐喻是通过两个符号形式（能指）上或者意义（所指）上的类似性产生联系的，在仿生产品中，根据隐喻中类似性联系的不同，将隐喻分为基于形式相似（能指相似性）的隐喻和基于意义相似（所指相似性）的隐喻[22]。

1. 能指相似性隐喻：基于形式类似的隐喻

在仿生产品设计中，存在许多隐喻所传达的内涵意义与产品的功能意义（外延意义）没有什么直接的关联的现象，总的来说，这种情况设计师在进行创意和联想的过程中，主要将两者的形式上的类似性作为考量。如图 3-15 所示是日本设计师雅则梅田设计的玫瑰椅，通过采用玫瑰花花卉的造型和色彩，去重现自然的美，从而挖掘日本文化的根。该设计体现了对于植物形式的类似性隐喻，联系两者的法则是座椅和玫瑰形象的相似性，但座椅的外延意义并不改变。

图 3-15　玫瑰椅

2. 所指相似性隐喻: 基于意义类似的隐喻

所指相似性隐喻, 其产生的内涵意义与产品的外延意义（功能性意义）类似, 因而基于意义层面类似的隐喻可以通过产生内涵意义, 间接传达出产品无法直接传达的功能性意义。运用所指相似性隐喻进行创意时, 设计师将原来并不被认为存在相似性的两个事物并置, 从而突破人们的常规看法, 有助于获得某一事物新的视角或新的认识, 从而为设计的多元化提供可实施的路径。相对于能指相似性隐喻, 所指相似性隐喻对于用户认知而言, 更具价值。如图 3-16 格雷夫斯设计的自鸣式水壶, 壶嘴上的欢叫雀跃状的小鸟使人联想到壶哨可以像鸟一样鸣叫。以"快乐的小鸟"的形象代替"哨子"的形象召唤出壶哨的功能意义。与此同时, 小鸟的形态又会带给人欢快、活跃以及可爱的引申意义。

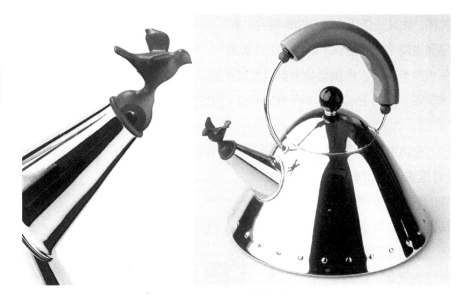

图 3-16　自鸣式水壶

3.4.2　换喻

方塔尼尔将换喻定义为"名称改变或以一些名称去表示其他名称", 即用一个符号的意义去代替另一个意义的表达方式, 而两者在许多方面直接相关或者紧密联系。例如"一叶落而知秋", 用一枚落叶来指代秋天即将到来, 秋天因为气候的变化与落叶有因果联系。因此换喻可以理解为通过指示性联系将我们期望表达但又缺席的意义召唤出来。正因为换喻建立在所指（意义）之间这种多样的指示性联系之上，可以使抽象的意义变得更加具体，因此可以为产品语意学所运用，用来召唤出潜在或缺席的功能性意义，这显然为使用者对产品功能认知提供了便利。

雅各布森指出，隐喻是建立在类似性基础上的替代，而换喻中两个符号之间的联系则是建立在邻近性或符合性基础上的替代。这样的概念和区别显得更加简明扼要，有利于我们进一步认识它们。

图3-17是意大利设计师Stefano Giovannoni设计的一系列调料罐，为了将各个调料罐的功能直观地区分开来，将调料罐的提手设计成了制作这些调料的植物形象，并将调料罐整体设计成了盆栽的形式，使普通的产品显得与众不同，充满情趣。设计

图3-17　调料罐

师通过用植物形象来激发我们对植物果实等部分形象（它们是制造调料的原料）的联想，消费者根据已有的认知经验从而能将调料的味道有效的区分。

在仿生产品的语意传达中，换喻修辞的运用首先需要建立在功能分析和功能定义基础上。在此基础上，设计者便可以寻找恰当的生物符号载体和这一功能特性联系起来，将抽象的功能意义以我们更为熟悉的方式呈现，当然其途径是多样的，并建立在设计者的经验和联想基础上。

3.4.3 讽喻

与其他修辞方式相比，讽喻更难识别。所有的修辞都是用一个新的意义对惯例性意义进行非确定替换，并且对它们的理解需要建立在对所说的和所指之间区别的基础上，因此，从某种意义上说它们都是双重符号。而讽喻符号的形式看似意指了一个事物，但是我们从另一个符号的形式中意识到它实际上意指着截然不同的事物。讽喻源自本体和喻体的差异性，而且差异越大，讽喻的效果越明显。当然，无论相似性还是差异性，都建立在我们对于一个产品形象的惯例性体验的基础上。

如果说隐喻可以使产品传达出诗化的意义，那么，讽喻则希望通过双重编码传达出高度娱乐性、游戏性、玩笑性甚至戏谑性的语意，传达包含了

语态上的转变。多数的讽喻形式只是体现一种幽默、戏剧化的表现，使读者乍一眼理解了某些东西，然而另一些则需要解读者更细心的辨识之后才会发现，而后者才是设计者所要传达的关键性信息。

悬挂狩猎战利品作为装饰，不仅是欧美文化的传统，也是身份地位的象征。但是炫耀财富或保留传统，一定得如此血腥吗？Big Game 设计的鹿头装饰品（图 3-18）以视觉轻盈的木片，取代沉重的生物标本；三维的造型，勾勒出想象中的猎物；环保的材质，则替换一度淌血的躯体。也就是说，以现代化的量产程序，为历史洗刷因娱乐而杀生的恶名。如此一来，基于对历史的省思，设计师巧妙地运用仿生设计，赋予传统符号一种全新的存在感 [23]。

图 3-18　鹿头装饰品

图 3-19 烟灰缸，此设计外形整体模拟肺的形状，并将放置烟头的造型设计成连接肺部气管的形状。产品本身像在述说："瞧，你的烟已经将我弄的脏兮兮的。"从而让瘾君子们注意到吸烟对生命的危害，起到警示作用，这才是设计师更深层次意图的诉求，与其说是为抽烟行为提供一个产品，还不如说是对抽烟行为本身极大的讽刺和戏谑。

图 3-19　烟灰缸

3.4.4 夸张

夸张手法所创造的夸张形象与客观事物之间必然存在一定差距，将事物的某一点极度扩大或缩小，给人以强烈的刺激，使人们更加真切地把握住事物的本质特征，夸张的作用就在于以这种合乎情理事理的差距去凸现事物的某些本质特征。

通过夸张的手法，产品形象在经过设计师超常组合而产生的一种新形象，它往往是新奇的，并渗透着设计师浓厚的主观色彩。在产品仿生设计中，夸张表现为强烈的变形方式，它是与写实相对立的一种变形，通过剔除或弱化生物形态的次要特征，以集中突出生物形态的本质特征，这一本质特征又往往与产品的功能相联系。如图 3-20 所示的纸夹设计，外形模仿胖子的形象，设计师有意将腹部的形态夸大，从而使产品属性和"夹"的功能更加形象地凸显出来，这样产品消费者就会更加深刻地了解和把握产品，从而对所购买或使用的产品留下深刻的印象。

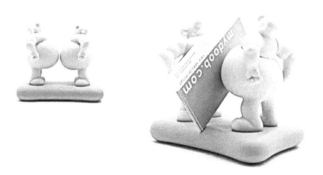

图 3-20 纸夹设计

3.4.5 幽默

西方学者 Long&Graesser 认为幽默是指任何有意无意做出来或说出来能引发人们喜悦或好笑的感觉的事物。

比如"水都沸腾了，疯狂的民众聚在街头庆祝意大利队获得冠军"。大多数人会将"水都沸腾了"解释成为"水滚开了"，但是会与第二句产生失谐，无法理解。经重新解释，才发现"水都"指的是"威尼斯"，因而理解其幽默之处。

如图 3-21 的存钱罐设计，我们可以从中华民族对于"豕"的价值概念来理解，从大家熟知的"家"的构字概念中可以得知，猪一直是财富的象征，养猪也是日积月累生财的过程，正好能表达储蓄理财这一概念。但该设计有别于我们常见的猪形储钱罐，它是由两只猪组成的，一大一小，在小的上面有"His money"，大的是"Her Money"，从而映射出一种社会现象，在一个家庭中，往往女性是家庭财经的主管者，抑或进一步让我们联想到"妻管严"这样的家庭现象，这种诠释性努力令人愉悦和发笑，也正是其幽默的表现。

图 3-21　存钱罐

3.4.6　类推

类推是一种在人们的一般认知下，将同等的事物做简单的联想或比较，达到相互比喻的效果。例如我们常说：时间像流水一般。但事实上，水从高处往低处流，而时间从过去到现在，两者除了一去不回头之外，"通过的形式"并不相似，这种关联性的联想或比较称之为类推或类比。

在产品造型应用类推的表达上，指的是"该产品"与"被借用的符号"两者之间并无直接的关联性，但在某一特点或使用情境具有联想或比较空间，因此，该符号被用来诠释该产品。虽然隐喻、换喻、讽喻等都可视为一种类推性质的表现，但在本文中认为类推的联想逻辑有比上述修辞方式更加有想象，似是而非的空间。如图 3-22 挪威设计师 Marianne Varmo，Heidi Buene，and Audun Kollstad 设计的花瓣吊灯，这款吊灯的打开和关闭像花瓣一样，在晚上，能焕发出温暖的灯光，当居室主人渐渐入睡的时候，就会慢慢地变暗，并关闭自己，给人安全的感觉；早晨灯开时，则会慢慢绽放，并逐渐增加光强度，将用户更加舒适的唤醒。产品形态信息的传达是不精确的，它所传达的指示意只是一种暗示性的，需要使用者主观的认知解读，使用者只有将花朵的开合与在使用情境中灯光的强弱联系起来比较，才能较好地接受和理解产品的信息。

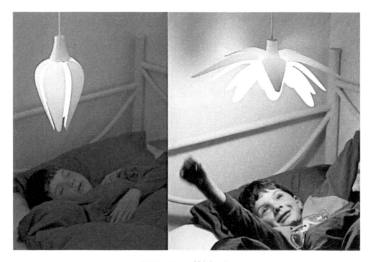

图 3-22 花瓣吊灯

总之，修辞是人类认识事物的一种重要的思维方式，是产生丰富内涵的一个重要途径和方法，它用不同寻常的方式表达特定的内容，它不仅仅是形式上的装饰和点缀，更是一种说服性的话语，也是我们所处的世界呈现多样性和变化性的保证。修辞的目的在于意义的形象化表达，也都"源于联想本身，唯一的不同表现在联想的本质上"[24]。

修辞的运用需要丰富的联想和开放性的思维，一旦使用了修辞，设计师编码的符号就变成了超出我们控制的、更为广阔的联想系统中的一部分。唯有不断培养联想能力，才是有效运用修辞性表达的关键所在。

修辞运用于产品仿生设计中生物原型的选择，它作为一种辅助的手段，应该是一个开放的系统，关键是找到产品和生物之间的逻辑关联所在。

在教学和设计实践中，思维导图法和修辞辅助法经常是联合起来使用，相互补充。思维导图法通过发散联想为发现产品和生物的逻辑关联所在提供了可能，而设计修辞却能进一步明确产品和生物之间的逻辑关联的性质。

第四章　生物特征提取
　　　　与产品转化

　　在我们找到了产品和生物之间逻辑的关联性，明确了设计的概念和发展方向后，接下来的工作就是如何通过造型来体现设计的概念，在具体的产品设计中，我们更多的是对生物的形态、色彩、肌理和质感的提取和转化，在这个过程中特别要对上一步选择的特征进行重点的分析，然后提取相关的特征运用到产品设计中去。

　　在这个过程中，很多学生在对生物形态提炼和运用时，总觉得被束缚在具象仿生的层面上，认为自己设计创作仅仅是生物形态的拙劣再造，感到沮丧。需要强调的是，作者无意否定具象形态的仿生设计，但是学生在设计创作的过程中却有突破这种情况的内在要求。有些学生，特别是工科类工业设计专业学生，由于手绘基础的问题，在提取和转化生物形态等特征的时候感到吃力，较难深入，最后的设计效果不理想。因此需要引导学生建立正确的理念，开发出适合的方法用于设计实践。

4.1 具象仿生和抽象仿生分类的质疑

笔者在查阅相关的文献时，发现有这么一种说法，产品仿生设计按模仿的逼真程度可分为具象仿生和抽象仿生 [25]。具象仿生是指产品的造型与被模仿生物形态比较相像。抽象仿生是指从具体模仿的生物出发，反复推敲、剔除物象的细节，概括直至抽象其原型，从整体上反映生物独特的本质特征。也有学者试图将抽象分为以下三种方式：①抽象的抽象，抽取一切感觉印象以及一切特定思想之后剩下的纯粹形态，杜绝一切现实的联想；②具象的抽象，从现实的物质形态中抽取出来的抽象形，依据感受对触觉、听觉、味觉等进行视觉化的意象，或者创造仿佛内含有机生物的抽象形态；③半抽象与半具象，常常有着现实形态的基本暗示，却又加以拆解、重组、添加、变形，使新形态介于具象与抽象之间 [26]。尽管这些分类都试图去厘清抽象与具象的区别，但是抽象是相对于具象形态而言，是对现实客观形态进行提炼、夸张、变形、组合，以赋予其新的含义与表现内容。根据这个定义，所谓具象形态严格来说应该是未经提炼加工的原型，即自然形态。因此，凡从自然形态提炼、变化出来的形象或形态，都是抽象的，只是抽象的程度不同而已 [27]。而将抽象度分成不同等级，又没有什么标准。另外，在仿生产品中，有一类混合形态的仿生，将不同生物的特征进行组合而产生的新的形态，对于这种现象又难于用具象仿生和抽象仿生说清楚。在具体的教学中，学生对这一概念理解不一，从而影响设计创作。基于这些思考和分析，笔者认为按模仿的逼真程度将产品仿生分为具象仿生和抽象仿生这种提法值得商榷，因此尝试从认知的角度提出原型、变型和异型的概念。

4.2 原型、变型和异型概念的提出和比较 [28]

原型、变型和异型概念的提出并不是随意的，它们的提出也有助于设计实践的创作。

在自然界中，生物普遍存在着进化的现象，如图 4-1 是人类的进化过程简图，出现了猴、猿、人的几个过程，生物在自然环境等自然力的作用下，不断向利于自身发展的方向进化和发展，呈现不断简化的趋势。对于进化，《Webster 第三国际词典》是这样定义的："通过一系列的变化或步骤，任何生物或生物类群，获得能区别它的形态学和生理学特征的过程"。进化是一个过程，有时我们也用这个词来表示该过程的后果。从视知觉角度来看，人类进化的过程中出现的猴、猿、人一系

图4-1　人类的进化过程简图

列的变化阶段，各个阶段都获得了具有区别于其他阶段的形态学和生理学的特征，虽然人从猴、猿进化而来，保留了它们的一些特征，但是人和猴、猿的相比，已经发生了变异，是质的飞跃，决不会将它们混为一谈。

　　因为生物的进化现象与产品仿生设计中生物特征（特别是生物形态）的提取与转化的过程存在类似的方面，所以把相关的概念推演到产品仿生设计中来，提出原型、变型和异型的概念。当然它们之间还是有区别的，生物的进化现象，主要是受自然客观力作用影响的变化，是物竞天择的结果。而在产品仿生设计中，它们是基于设计师的想象，根据设计目标和要求主观创作的结果。

　　下面重点论述一下产品仿生设计中原型、变型、异型的概念及其区别。

　　立足于不同的角度，原型的定义有很多。在工业产品开发过程中，原型（prototype）一般是泛指单件的试作品。它有时候又与产品设计中的模型混为一谈。在文学评论中，也有原型的概念，指的是一个原始的形象、性格或者模式在文学与思想中一再浮现，从而成为一个普遍的概念或境界。台湾学者林铭煌在参考荣格、弗莱等学者的理论基础上，指出原型是一种心理现象，即是人对特定事物的形式或类别具有的认知印象，并牢固地深植于人们头脑中的概念系统。在本书的论述中，原型指生物在进化的某一阶段呈现的形象和特征，是未经提炼加工的自然形态。从视知觉角度来看，生物原型在造型上呈现稳定的形态，我们称之为"常态形"。

　　变型是在原型的基础上，在它的某些方面如形态、色彩和结构等方面的改变，通过简化、概括、夸张、删减、补足等艺术表现手法来适度强调和加强的艺术造型。从视知觉角度来看，变型在造型上保留了原型的诸多细节和特征，我们仍然可以较容易地识别它和原型的关系，从这一点上看，仍把它视为"常态形"。

异型是对原型的"常态形"进行强烈的艺术改造和主观处理，超越原"常态形"的限制，创造出一种"非常态"的，具有新奇性、怪异性和不可名状的视觉特点的新造型。从视知觉角度来看，异型在造型上是非明确的，具有"新奇性"、"怪异性"、"怪诞性"。在心理体验上是"模糊的"、"多义的"、"不可名状的"，是对原型常态的创造性超越。"异型"形态的模糊性强化了其自身形态的丰富性和深刻性。其中既有各种感官感受的交织，又有各种表现性质的相互加强和抵消；既有各种截然不同的意象的叠加，又有各种意义和意味的化合。"常形态"稳定的形态意象会逐渐淡化审美体验的强度。而异型则是从原型衍生出来的特异的形态，这种"非常态"补偿了视知觉体验的敏感度和丰富度，其在审美主体体验中所造成的不确定性和动态性同时突破了"常形态"所造成的视觉疲倦，强化了审美主体的参与和审美想象。

变型和异型都是原型变化的结果，它们之间有什么关系和区别呢？

变形，其本身不是名词性的、呈结果状态的一种造型状态，而是创作主体主观处理造型的一种艺术手段和艺术处理对象的一种方式。"变形"的过程提示了变型和异型的获得是通过对原型变形的艺术主观处理所达到的视觉形态和形态结果，两者都来源于原型。

一般的、常见的，或不太奇特或意料之中的变形不能满足异型的形态造型，必须是朝着增加形变过程中的含蓄性、模糊性的方向发展，似有似无的原形态以若隐若现的不清晰在新的、特异性的异型形态中显现。各个结果性的"异型"形态都不会完完全全消除掉原有的形态征兆，多多少少有些影子。也就是说"异型"有着原型的基因。这种语言形态结构上的模糊性会导致审美体验上的模糊体验。这也是"异型"不可名状的原因之一。

变型和异型作为"变形"的过程结果，从认知角度来看，异型已经发生了从量变到质变的转折。在"变"和"异"之间是"变"的一个量化过程。这个量化的过程带来的结果是随着量化的不断强化，必然会带来非常大的改变，直至到"异"。在对原型的变形过程中，当其变化的尺度大到一定的量时，在造型上所呈现出的就是从"常态"的形状转变为"非常态"的异型。

总之，"变形"充满了弹性和可调整性，在变形的过程中充满了无限的想象空间。在逐渐脱离原型的过程中随着变量的加大，将呈现出一个相对的呈"异型"形态的结果状态。原型、变型和异型辩证关系可用图4-2变形的过程来表示。

变————————异

原型 ⟶ 变型 ⟶ 异型

图 4-2　变形的过程

半坡鱼纹的"双鱼形变异"（图 4-3），向我们展示了鱼纹的变形和纹理的形成过程，从具象的鱼向抽象的纹理演变，该过程的演变时间应该很长[29]。这种纹样起先使用写实手法，后逐渐演化为鱼体的分

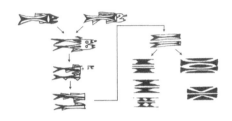

图 4-3　双鱼形变异

割组合，使其抽象化、几何化和程式化。将最后的纹理和最先的鱼形象进行对比发现，虽然最后的纹理从鱼的形象脱胎而来，并保留了它的部分特质，但是无法让人产生对应的联想和认知，达到高度的异化，进入异型的层次。

　　为了进一步说明变型和异型在产品仿生设计中的运用和差别，笔者做了产品视觉意象认知调查问卷（表 4-1），选择 20 个仿生的产品图片样本，共发出问卷 1000 份，调查对象主要是在校大学生，无艺术或设计背景和有艺术或设计背景各 500 份，收回有效问卷分别是 482 份和 475 份，将最后的统计结果生成数据表（表 4-2），发现认知的总体情况和趋势相近，但受过艺术与设计教育背景的调查对象，他（她）们的正确的认知率明显高于没有艺术与设计教育背景的，由于受过相关的艺术设计训练，他（她）们的联想能力和视觉敏锐度高于没有受过艺术设计训练的调查对象。不管是否受过艺术设计训练，统计发现都存在有些仿生产品的正确认知率相当高或相当低的分布，如高于 80% 的，在没有受过艺术设计训练的调查对象中，有序号为 6、13、17 的样本，在受过艺术设计训练的调查对象中，样本序号也分别为 6、13、17，结果是一致的，它们分别是艾洛·阿尼奥设计的小狗椅、宁波天麟公司设计的聪明鼠削笔器和日本设计师 Isao Hosoe 设计的"苍鹭"台灯。对于削笔器来说，尽管对老鼠形态进行了变形，但由于其保留了老鼠的耳朵、鼻子、胡须、尾巴等诸多细部特征，其形态也没有抛弃物象（老鼠）的基本组合原则和比例，一眼就能被人认知出。"苍鹭"台灯，虽外形简洁，但也是一眼就能认识到具有鸟的特征。而艾洛·阿尼奥设计的小狗

47

椅虽然其是在形式的高度提炼中完成的，在造型上进行了恰当和适度的形化，但并没有脱离原型"狗"的形态，依然可以被认知或表述为一只狗，在造型上也没有体现出异型的新奇性，在心理或语言的认知度上还不是不可名状的，所以这个椅子造型依然是对狗的"常态"的改造，而不是超越"常态"狗的"非常态"的创造物。经过分析发现尽管它们都对原型进行过简化和抽象变形，但是其变形还保留了原型的诸多特征，很容易就联想和认知出对象的生物原型，还处于变型的状态。统计发现低于 5% 的，在没有受过艺术设计训练的调查对象中，有序号为 1、8、9、10、12、14、15、18、20 的样本；在受过艺术设计训练的调查对象中，样本序号分别为 9、14、18，样本 1、8、10、12、15、20 的认知也都在 10% 以下，两者的总体情况和趋势相近，也存在差异，反映了被调查者的联想能力和视觉敏锐度的差异，原因主要是经过多年的艺术设计相关知识的学习和专业实践，受过艺术设计训练的调查对象在这方面的能力明显强于没有受过艺术设计训练的调查对象，当然在学习的过程中，艺术设计类的学生可能已经接触过其中的一些样本，也会影响最后统计的结果。深入分析其中样本，更有助于对问题的理解，如样本 14 是南娜·迪策尔设计的"蝴蝶"椅，椅子的造型一反传统的对称形式，以宽大的合成树脂为薄片材料，将靠背与座面折合为线条酣畅的一个整体；椅腿被设计成昆虫的腿状，与一般椅子的四条椅腿不同，而是由六条像昆虫足般曲折而对称的钢管组成。树脂的表面涂以红黑相间的色块，像绚丽的蝶翅，也如温暖的阳光，可以销蚀一些北欧的寒气。弧线、放射线、折线，错落有致，给人以动感和活力的印象 [30]。这个设计，除了六条像昆虫足般曲折而对称的钢管椅腿之外，很难再发现它与生物之间还有什么关系，统计发现其认知率是相当低的。样本 15 是盖里为蒂芙尼公司设计的鱼形项链，在对鱼形态不断简化和变形的基础下，摒除了其许多细节，仅仅选择其身体形态特征的局部，但仍透露出鱼迷人的动态和神韵，对于认知来说，这样一个有机的流线形体确实让人难以联想到鱼原型，在心理体验上是模糊的、多义的，对于这样的样本，我们可以认为其变形达到高度的异化，进入异型的状态了。因为认知带有很强的主观性，所以不管是变型和异型对每个个体来说都是有差异的，但是在整体上还是有一致的趋势，作为设计师，在进行创意的时候，这也是需要注意的一个问题。

产品视觉意象认知调查问卷　　表 4-1

产品视觉意象认知调查问卷（一）

　　您好！本问卷是关于仿生产品意象认知的一次调查，谢谢您抽出时间来填这份问卷，您的答案对此次调查非常重要。请您在所有相应的范围内填写真实的信息，非常感谢您的合作！

　　您的基本情况：（请您在符合您的情况的选项前面打"√"）

　　1. 性别：□男　□女　年龄：_____岁

　　2. 教育程度：□小学　□中学　□大学　□研究生

　　3. 是否参加工作：□学生　□工作人员

　　4. 你所学的专业与艺术或设计是否有关：□是　　□否

　　5. 你目前的职业与艺术或设计是否有关：□是　　□否

　　请仔细观察问卷（二）中的产品图片，对其产品形态是否运用仿生手法作出判断，如是，请在方框内打√，并根据你对该产品的认知，对该产品形态和可能被模仿的生物之间的联系作出描述；如不是，请在方框内打 ×，不需要作出任何描述。

续表

产品视觉意象认知调查问卷（二）					
产品图片	是否仿生	描述其联系	产品图片	是否仿生	描述其联系
1			2		
3			4		
5			6		
7			8		

续表

产品图片	是否仿生	描述其联系	产品图片	是否仿生	描述其联系
9			10		
11			12		
13			14		
15			16		
17			18		
19			20		

产品视觉意象认知调查统计表 表 4-2

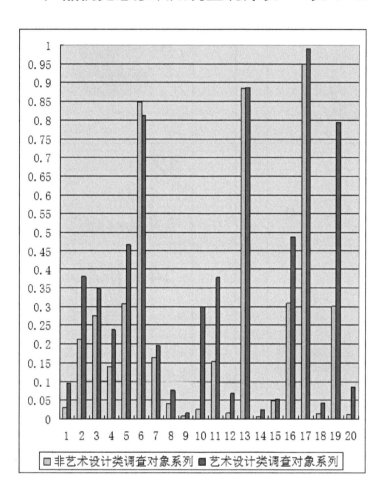

4.3 异型的几种类型

一般来说，产品仿生设计中通过变形获得的异型，有以下几种类型，通过下面的探讨，我们可以进一步清楚获得异型的途径。

抽象形式的异型：基本保留生物的整体组合特征，不断地简化和删减细部特征，变形过程朝着含蓄性、模糊性的方向发展，在某些情况下，由于产品形态高度抽象，很难看出所模仿的生物原型到底是什么，只能从产品的大体轮廓隐隐约约地感觉到那些曾经给人们留下深刻印象的生物线条，其在心理体验上也是模糊或多义的，这种形式的异型多数会让我们联想到多种生物原型。

　　比如图 4-4 菲利普·斯达克设计的柠檬榨汁机，其形态已经高度抽象化了，三个腿形的支架和一个锥形头部的特征会令人隐隐约约地感觉有某种生物的特点，但难以确定它到底模仿的是哪一种生物。在问卷统计中，我们发现其形象让人联想到章鱼、蜘蛛、螃蟹等多种生物，甚至有人联想到外星人的形象。又如图 4-5 自由创意人刘峰设计的 Cetacean Chair，作品形态是由鲸鱼的形态变形获得的。对使用者来说，由于其有机形体已经高度抽象化了，后背分叉的形态特征会令人产生对生物鲸鱼尾巴或蜗牛触角的联想和认知，难以确定它到底模仿的是哪一种生物，从而在认知上出现多种动物意象的融合。

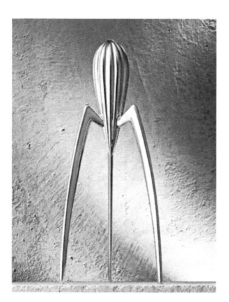

图 4-4　柠檬榨汁机

图 4-5　Cetacean Chair

　　分解重构形式的异型：即将某一生物整体分解，经过取舍，然后根据设计目标和设计者的主观意图重新组合构成。和变型相比较，这种形式抛弃了物象的基本组合原则，与生物原型比较，其主要组成部分不完整或不再各安其位，形成了一种怪诞、新奇、风趣的风格。如中国《山海经》中五官长在胸前的男子，没有了脑袋，但却还能挥刀弄斧战斗[31]。丹麦设计师南娜·迪策尔设计的"蝴蝶"椅就是这种类型的异型，对于其异型的生成我们可以这样来理解。将这个椅子视为由三个主要的特征构成：①六条像昆虫足般曲折而对称的钢管腿；②靠背与座面折合为线条酣畅的一个整体；③红黑相间的色块。其第一个特征的线条，至少能让人朝昆虫方向进行联想，但我们还不太可能把它与蝴蝶联系起来。其第二个特征是通过对蝴蝶舞动翅膀的连续系列动作进行概括提炼出的形象而设计的。由于是综合性的意象，人们对此种形象的认知比较困难，至此还是很难将它认知为蝴蝶。一个偶然的机会，在教学中与学生讨论提炼蝴蝶的色彩和肌理的平面图案过程中（图4-6），通过与椅子的色彩比较后，发现其放射线、折线，给人动感和活力的印象是何其相似，才豁然开朗，领悟到了设计师高超和巧妙的处理手法，才肯定这个设计的生物原型是蝴蝶。"蝴蝶"椅的设计通过将蝴蝶的腿、蝴蝶翅膀的色彩和肌理以及蝴蝶飞舞的意象这三个生物的特征进行提炼，按照设计的目标和要求重新组合在一起的，它超越了蝴蝶的"常态形"而成为"异型"。

图4-6 蝴蝶色彩和肌理提炼的图案与"蝴蝶"椅的比较

幻想重构形式的异型：将不同的生物原型分解拆卸，巧妙利用各生物的某些特征和部位重新组合，创造出一种自然界未曾有的奇特怪异的幻象形象，所以也可将这种形式称为复合异型。

比如中国的龙和麒麟，龙是以蛇为主体的图腾综合物，它融合了蛇的身、鹿的角、羊的须、鹰的爪、鱼的鳞等不同动物的特征组合而成。而麒麟是龙头、鳞甲、鹿身、鳍背、狮尾合成，除此，独角及双角皆有，并集狼、羊、鹿、马、牛、麋、獐等走兽之特征于一身，它是外表怪异狰狞，内在仁厚温驯的兽中之王，这便是幻象形象。

又如图 4-7 菲利普·斯达克设计的泰迪熊玩具，结合了熊、兔子、狗、山羊等动物的形象特征，熊仔手脚分别设计成兔头、狗头和山羊头，它在刺激孩子们的想象力同时，似乎传达人类性格多变的象征，充满趣味。

图 4-7　泰迪熊玩具

这些形象的创造原发点是自然创造的不同动物所具有的各自不同的"常态形"，龙、麒麟和泰迪熊玩具的形象融合了各个动物的常态形而成为非常态形。在造型上它们是非现实的和怪异、奇特的，由于复合了多种动物的特点，这种造型所唤起的情感是不可名状的、复杂的和模糊的，它们都是对各种动物的原"常态形"的创造性超越。

需要强调的是这三种类型的异型之间的联系和区别。抽象形式的异型和分解重构形式的异型的相同点是它们都是源于对一个生物的变形，前者仍保留了生物的整体特征，基本没有破坏物象的组合规律，而后者最后则抛弃了物象的基本组合原则。分解重构形式的异型和幻想重构形式的异型两者都强调对生物原型的分解和重构，但是还是有原则上的区分：前者是在"一个整体上"进行分解之后的重新组合，而后者是在多个物象上进行分解后重组；前者是在同质的事物上创造，好像想象是有所本的，后者是在不同质的事物上展开想象，想象似乎失去了限制，渺茫无际，自由无限 [32]。

4.4　生物特征提取的方式

为了解决在产品仿生设计中，学生对生物形态提炼和运用时，被束缚在具象仿生的层面上，仅仅是生物原型的拙劣再造。因此在教学中，鼓励学生在保留生物原型较强的个性特征和神韵下，切忌完全模仿原生物，而是以原型为基础，通过创造性思维，创造出新的二次甚至多次元的形态，反复思维和提炼以达到"异化"的程度 [33]，从而进入异型的状态，这可用图 4-8 简单表示。在教学中强调反复思维和提炼达到"异化"的程度，不仅仅是异型强化了审美主体的参与和审美想象，它与变型相比，特别是高度抽象形式的异型，由于摒除和简化了原型的诸多特征，而让仿生产品的造型显得简练和有机，一定程度上更加迎合了工业化的生产要求和现代人的审美意识。

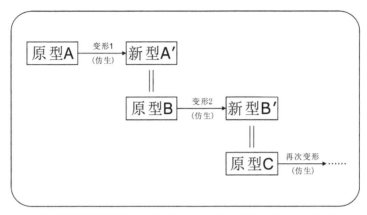

图 4-8　仿生设计提炼的过程

在产品仿生设计中，手绘的方式对于生物特征分析和提取以及产品转化的过程都是最有效和最方便的。但是在教学中，发现对于手绘基础较差的学生，在提取和转化生物形态特征的时候感到吃力，较难深入，最后的设计效果不理想。针对这个问题，笔者还尝试结合了其他两种方式来展开教学。

手绘的方式

手绘一般以素描、线描或草图的方式展开思考，图 4-9 是一个比较常见的提取过程。

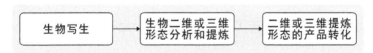

图 4-9　手绘提取方式

如图 4-10 所示是蜜蜂的特征提取和产品转化的过程。先对蜜蜂的整体和头、腹、足、翅膀等局部形体进行分析，并提炼出几个简化的式样，最后将这些分析运用到产品仿生设计的造型构思中去。

图 4-10　蜜蜂特征的分析和提取手绘过程

借助设计软件进行形态分析和提炼

利用计算机辅助设计专业软件来分析和提取生物的形态和色彩特征。笔者建议手绘基础较弱，但对计算机辅助设计专业软件操作比较熟练的学生，利用这一方法。

用强大的计算机处理系统和设计软件取代传统的纸笔尺工具进行构思和设计，以计算机界面及其输出物进行交流，利用计算机指导下的三维生产技术来进行生产的设计方式早已盛行。Photoshop 和 CorelDraw 等二维的设计软件以及 3DMAX、Maya、Rhino（犀牛）和 Alias Studio 等三维专业设计软件，普遍认为它们仅有助于设计效果的表现，而设计结果的可能性在很早的阶段就已经被确定了，它们只是在最初构思的基础上单向性地深化与发展，不太愿意承认它们对设计构思的干涉。我们需要深刻理解的是，这些软件它们的作用不仅仅是设计表现的工具，而更在于设计思考。在生物标本或图片的基础上，我们可以用 Photoshop 和 CorelDraw 等二维的设计软件提取生物的外轮廓线和色彩。3DMAX、Maya、Rhino 和 Alias Studio 等三维专业设计软件强大的三维数字建模和拓扑变形功能，也是探索新的形态可能性的方式，更可借以思考与探究。因此构思在设计的最初阶段即应和计算机融合在一起，计算机从一开始就应作为设计思维——而不仅仅是表现的工具被纳入整个设计过程中。设计软件往往能带给设计师意想不到的结果，设计师及时对每个过程及其结果进行反馈、控制、筛选与决策，逐步形成最后的作品[34]。

在产品仿生设计中，利用计算机设计软件对生物形态特征的提炼并非是"任意"变形的产物，设计者需要进行控制、筛选与设计，从而产生了只有在计算机的帮助下才具有的三维形态。

甚至有学者提出将产品形态仿生设计与逆向工程技术和遗传算法联系起来，采用三维扫描技术和逆向工程技术来得到生物形态模型。针对选定的生物，利用 3D 数字化测量仪准确、快速地取得点云图像，随后经过曲面构建、编辑和修改之后，将其置入一般的 CAD／CAM 系统，然后除去无关因素，并加以简化，形成生物形态模型。然后将生物模型提供的资料进行数学分析，用数学的语言把生物形态模型"翻译"成具有一定意义的数学仿生模型，实际上就是要求将生物形态的自由曲面用数学公式表示。最后利用遗传算法把数学仿生模型和实际产品模型进行合成，生成可对其进行各种数学变换的

57

实物模型或虚拟仿生模型[35]。

  图 4-11 是运用 CorelDraw 软件先提取生物蜗牛和产品胶带座主要特征二维轮廓形态，利用 CorelDraw 软件中二维物体渐变技术（即调和工具）在蜗牛二维形态和胶带座二维形态之间渐变出系列形态，挑选出部分合适的二维形态，依据这些二维形态在 Rhino 中建模生成三维形态以用于胶带座产品仿生形态的转化。图 4-12 通过捕捉猫伸懒腰的动态特征，抓住猫的主要轮廓特征，把猫的五官和肢体进行简化，突出猫拱腰和撅臀的动势，在 Rhino 三维建模功能辅助下不断抽象和简化，最终达到"异化"程度。

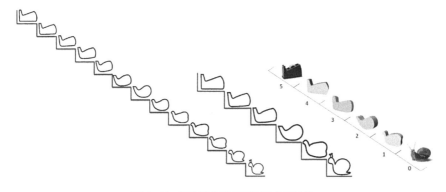

图 4-11　蜗牛形态特征提取和产品转化

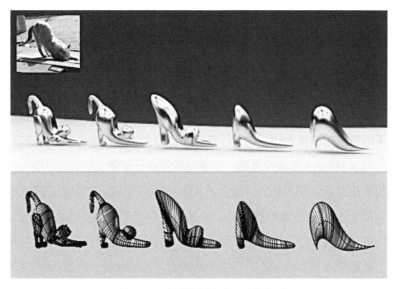

图 4-12　猫三维形态特征提取和变形

借助实体草模进行形态分析和提炼

教学中鼓励学生利用油泥、雕塑泥、陶泥等黏土材料来分析和提取生物的形态。因为黏土材料可塑性大，可以根据设计构思自由反复塑造，在形态塑造的过程中可随时添补、削减，极适合研究和分析生物的形态特征，这是一个比手绘方式来得更有效的构思意念沟通方式，通过它来展示和衡量变形结果将更加直接有效。如图 4-13 用彩色油土塑造的老鼠形态特征提取和变形过程，通过对老鼠形态的分析和提炼，在突出其鲜明的个性同时，逐渐达到"异化"的程度。

图 4-13　老鼠形态特征提取和变形

59

后两种方法与手绘的方式相比，它们都能及时地促使学生从三维的角度思考生物的形态特征，促使学生积极地简化和概括其形态，在反复的变形过程中以更好地达到"异化"的程度，获得理想的效果。

4.5　生物特征运用与产品转化的原则

张凌浩在《产品的语意》一书中对符号的模仿借用现象及其使用原则的做了深入的分析。习惯上，我们在决定产品的类别时，是以该类产品（某个时期）的典型造型为中心的，某造型越接近典型产品造型，我们就越能确定它是哪类产品；反之，离典型产品造型越远，则越不容易识别、分类。这说明新造型的意义之所以可以被认知，而且有创新，是因为它与典型产品造型间的合适距离和关联。此外，必须注意到，典型产品造型会因新的产品造型的大量出现而被取代，这一转变是渐进的。

因此，在产品语意设计中，创新的设计是典型产品与所模仿符号对象之间的一个适当的平衡点。好的设计，应该是产品典型特征与借用的特定符号的适度融合，所产生新的设计及意义。从图 4-14 中可以推出，新设计越偏左，则产品越像被模仿的对象，为差异性大的产品；越偏右，则产品越像典型对象，为差异性小的产品。

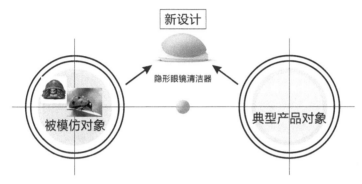

图 4-14　符号模仿设计的模式

符号模仿借用的原理同样适用于产品仿生设计，只不过其模仿借用的对象仅限于生物符号而已。在生物特征提取和运用的过程中，为了使简化和变形更有方向性、有效性和目标性，必须需要注意以下两个原则。

认知识别原则

产品仿生设计是运用模仿的手法，有取舍地将生物形态、色彩等属性特征赋予产品造型之中，因此使产品造型具有生物某些特征属性，特别表现在产品形态与生物形态在形态特征上具有某种程度的相似性。仿生设计的成功与否，产品和生物形态结构特征之间相似程度的大小是一个关键性因素。为了保证形态特征的相似性，在对生物形态特征进行选择时，一般会选择与产品形态结构特征相匹配的特征；而对生物形态进行简化和变形时，应该尽量保留具有独特个性的生物形态特征，以保证产品形态与生物形态之间的具有较好的相似性，通过使用者的联想，最终形成有效识别。从图中我们更加清楚，当新设计靠近被模仿的生物对象时，由于保留了生物的诸多特征和细节时，它是易于识别的，当新设计远离被模仿的生物对象时，它与产品特征越匹配，与模仿对象相比，它的形象也变得模糊起来，虽然它的有效识别性也变得困难起来，但是却导致使用者在一个宽广的联想空间中徘徊，从而可能获得多重意象叠合的体验。

与产品相互匹配原则

产品仿生设计中，对生物特征的提取和运用，特别是生物形态简化和变形的最终目标指向是产品造型，所以在生物特征的提取和转化过程中，特别是生物形态简化和变形处理的任何一个环节中，都应该以产品造型为准则，围绕产品造型的基本要求来开展工作。由于生物与产品造型之间在形态、结构、色彩、功能等方面都有差异，所以必须通过改变生物形态、色彩等特征来满足产品在形态、功能、结构等方面的设计要求。因此，要使生物形态、色彩等主要特征与产品形态、结构等特征之间相互匹配，在生物特征的选取以及简化和变形时，就必须以产品形态的设计要求为准则，更多地参照产品形态、结构等特征，使两者尽可能在各个方面达到最佳匹配。由于现代产品审美需求和生产加工的要求，对生物特征的提取和运用总体上是按着简洁化的方向发展的。

第五章 设计方案的评价

如何从众多的仿生设计方案中优选出最恰当的设计方案，并且基于评价的过程和结果进一步优化和完善设计方案，不论是实际的产品开发还是教学训练中，这都是一个十分重要的工作。

本章从定性与定量两方面，基于工业设计评价体系的原理，对产品评价的方法进行研究分析，结合产品仿生设计及教学的特点，分析了产品仿生设计评价应强调仿生因素的评价标准及其在教学中常用的方法。

5.1 产品设计的评价体系 [36]

5.1.1 产品设计评价的概念和目的

产品设计所要解决的是复杂、多解的问题。对于每一个问题，一般都会有许多不同的解决方案。而且设计是一个不断"发散－收敛、搜索－筛选"的过程。实际上，评价贯穿着整个设计过程，在许多情况下我们总是自觉或不自觉地进行设计的评价和决策。所谓设计评价，是指在设计过程中，对解决设计问题的方案进行比较、评定，由此确定各方案的价值，判断其优劣，以便筛选出最佳方案。所以，准确、适时地运用设计评价方法是保证设计达到理想结果的重要前提。在设计中，"方案"的意义是广泛的，形式多样，如结构方案、造型方案等，从载体上看，可以是零部件或图纸，也可以是模型、样机、产品等。

设计对象的复杂化，使得那种单纯凭借经验、直觉的评价方法来推敲设计已经愈来愈不能满足要求，有必要将定性和定量评价相结合，使设计评价过程和结果更加科学。评价的过程不仅是对方案的分析和评定，它还能获得对设计方案进行多方面的改进和完善的意见，因此产品设计的评价实质是一个产品开发的优化过程。

5.1.2 产品设计评价标准的分析

评价的关键因素是评价的标准，但是评估的标准却很难界定，通常是由功能性、经济性、社会性、创新性、审美性等方面展开对设计的评价。而对于仿生产品的设计评价，还需要特别把仿生因素带来的影响也结合到评价的标准中去，进行一个综合的评估考量。

评价的主体是影响评价结果一个重要的因素，评价的主体一般来自消费者、生产者（企业）、设计者三个方面，消费者更加关注产品的功能、易用、美学和价格等方面，而企业关注的焦点则是技术可行性、成本、利润、市场前景和企业的产品形象与社会效益等方面。设计师是生产者与消费者之间连接的桥梁，应当结合消费者和生产者评价产品的标准，从更广泛的角度拟定出产品设计方案的评价标准，以获得更全面的评价结论，进一步优化设计。

在具体的设计评价实践中，由于参与产品评价的成员对评价标准所包含的内涵理解不一。因此，在设定标准初始就要讨论和确定标准的详细意义。

对标准包含的因素进行详细阐述和细化。

在评价标准确定后，就要根据评价项目的重要程度分别设置加权系数。加权系数又称权重系数，其数值越大表示重要性越高。为便于后来计算和统计，各项目的加权系数之和一般取为1。加权系数的数值可由评价人员一起根据凭经验反复讨论后，凭定性分析的直觉和判断而确定，也可通过判别表法列表计算，将思维判断数量化。判别表法是将评价项目的重要性两两加以比较，并给分加以计算。比较时，如两者同等重要则各给2分；某一项比另一项重要时则分别给3分和1分；某一项比另一项重要得多时，则分别给4分和0分，最后把各项的得分填入如表5-1所示的判别法计算表中。根据各项评价目标的得分情况，其加权系数的计算式为 $a_i = k_i \big/ \sum\limits_{i=1}^{n} k_i$，式中 k_i 为各项评价目标的总分；n 为评价目标数；$\sum\limits_{i=1}^{n} k_i = \dfrac{n^2 - n}{2} \times 4$（表5-1）。

加权系数判别计算表　　　表 5-1

评价项目	F_1	F_2	F_3	F_4	k_i	a_i
F_1		1	0	1	2	0.083
F_2	3		1	2	6	0.250
F_3	4	3		3	10	0.417
F_4	3	2	1		6	0.250
重要性：$F_3 > (F_2, F_4) > F_1$					$\sum\limits_{i=1}^{4} k_i = 24$	$\sum\limits_{i=1}^{4} a_i = 1$

5.2 产品设计评价方法的归纳 [37]

5.2.1 经验性评价方法

当方案不多、问题不复杂的时候，评价者可以根据自己的经验按评价准则采用简单的评价方法对方案作定性的粗略评价。常用的有淘汰法、排队法等。以排队法为例，它就是经过简单的比较和记分来区别方案的优劣顺序。将每两个方案进行对比，优者得 1 分，劣者得 0 分，最后将各方案得分相加总分高者排前（表 5-2）。

排队法评价统计表　　表 5-2

被比方案 方案	A	B	C	D	E	总分
A		0	1	0	0	1
B	1		1	1	0	3
C	0	0		1	1	2
D	1	0	0		0	1
E	1	1	0	0		2

5.2.2 简单数学分析法

简单数学分析法就是简单地运用数学推导和计算的方法进行定量的评价，以供决策时参考。名次记分法就是一种简单的数学分析法，它通常由一组专家或专业人员对几个方案进行评价，每个人按方案的优劣排出名次，进行相应记分，然后根据一定的公式计算结果，进行排名，分高者优。如下是由 6 人组成小组对 5 个方案进行记分（表 5-3）。

名次记分法数据统计表　　表 5-3

评分／组员 方案	A	B	C	D	E	F	总分 X_i
01	5	4	5	4	5	5	28
02	4	5	4	5	4	3	25
03	3	3	1	3	2	4	16
04	2	1	3	2	1	2	11
05	1	2	2	1	3	1	10
评价结论：01 方案最佳							28

在名次记分法中，产品的评价成效与组员的数量、素质有关，同时，评价人员意见的一致性程度也很重要，它是确定评价结论是否准确可信的重要方面，一致性越高对方案的决策就越准确[38]。

设组员一致性程度为一致性系数 C。C 值由 0 到 1 之间，越接近 1 时说明一致性越高，$C = 1$ 时为意见完全一致。

一致性系数计算公式如下：

$$C = \frac{12S}{m^2(n^3 - n)}$$

$$S = \sum X_i^2 - (\sum X_i)^2 / n$$

C 为一致性系数；m 为组员数；n 为方案数；S 为各方案总分的差分和；X_i 为第 i 个方案的总分。

计算结果 $S = 266$，$C = 0.74$；说明一致性程度为中高水平，评价结果有一定的可信度。

5.2.3　系统评价方法

在评价方案问题繁多，关系错综复杂的情况下，就需要引入系统的评价方法。常用的系统评价方法有层次分析评价法和模糊综合评价法等。

1. 层次分析评价法

层次分析法是由美国著名运筹学家萨蒂教授提出来的一种系统分析方法。它把一个复杂的问题按属性的逻辑关系逐层分解，形成一个层次结构来加以分析，以简化分析问题的难度，并在逐层分解的基础上加以综合，给出复杂问题的求解结果[39]。这一方法的特点是对复杂决策问题的本质、影响因素及其内在关系等进行深入分析之后，运用简单数学分析法的基本原理，构建一个层次结构模型，然后利用较少的定量信息，把决策的思维过程数学化，进行排序计算和一致性检验等，从而为求解多目标、多准则或无结构特性的复杂决策问题，提供一种简便的决策方法[40]。

运用层次分析评价法进行评价时，首先是建立层次结构模型，将需要评价的目标分解为各种组成因素，将这些因素再按属性关系分解为次级组成因素，如此层层分解，形成一个有序的层次结构，并用层次框图说明层次的递阶结构及其要素间的从属关系。如图 5-1 所示的综合评价指标体系是一个由目标层 O，准则层 U 和措施方案层 A 所构成的最简单的层次结构。最高层是设计方案要实现的总目标，为目标层；中间层是为实现总目标而设立的约束层、准则层或指标层等，是设计方案目标的具体化，即衡量目标能否实现的标准，可以根据问题的复杂性再进行细分，准则层不止一层，一般评价采用大类和小类两层指标；最低层是实现目标的各种设计方案，为方案层。

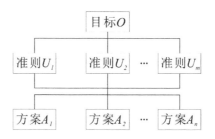

图 5-1　层次结构模型

需要说明的是：评价原则要求一致性，所以目标层与准则层之间、准则层内部各层次之间一般是完全层次关系，即上一层次某要素与其下属的相邻层次所有要素均相关联。

2. 模糊综合评价法

模糊综合评价法是基于模糊数学的基本原理构建数学模型进行评价的，模糊数学就是用精确的数学方法去处理"很好"、"好"、"一般"、"差"、"很差"等无法用数学描述的模糊性语言变量。模糊性就是指事物或概念边界或界限不清楚，是由主客观的差异所造成的。在产品设计评价体系中常常会遇到非定量化的模糊特点，运用模糊数学方法可以对产品设计的"质量"进行合理的判断[41]。

模糊综合评价的关键在于将不确定性在形式上转化为了确定性，模糊集合用隶属函数作为桥梁，将模糊性加以量化，从而可以利用传统的数学方法进行分析和处理。可以说，隶属函数与隶属度是模糊集合论所赖以建立的基础，是模糊决策方法即模糊评价法的理论支柱。

运用模糊评价法在进行多评价因素的评价时，首先应确定评价因素和因素权重的评价矩阵，再应用模糊关系运算的合成方法求解。

在建立模糊数学模型时，涉及评价因素集、评价等级集、因素权重集、单因素评价四个要素，介绍如下：

评价因素集 $U = \{U_1, U_2, \cdots, U_m\}$，即评价指标。将准则层因素分在一组，组成评价因素集，U 中的各元素可以是单层次的，也可以是多层次的。

评价等级集 $V = \{V_1, V_2, \cdots, V_n\}$，简记为 $V = 1, 2, \cdots, n$，即评语等级的模糊尺度集合。如取"很好、好、一般、差、很差"5级。

因素权重集 $A = \{a_1, a_2, \cdots, a_m\}$，在因素权重集中，各个因素对评价时所起的作用程度各不同，为此对每个因素 u_i $(i = 1, 2, \cdots, m)$ 赋予权重，由 a_i 表示 u_i 在综合评判中的作用程度，即得到权重集。其中 $0 < A < 1$，且 A 归一的条件为：$\sum\limits_{i=1}^{n} a_i = 1$。

单因素评价，对因素集内的每个因素分别进行价值判定。对于多层次因素而言，单因素评判往往是指基层因素。单因素评价就是相对于评价因素 U_i 分别作出评价等级 V 的隶属度。因为有 n 个评语等级，所以对第 i 个评价指标 U_i 就有一个相应的隶属度向量 $[R_i = (r_{i1}, r_{i2}, \cdots, r_{in}), i = 1, 2, \cdots, m]$。因此整个因素集内各因素的隶属度向量组成隶属度，即模糊矩阵 R：

$$R = \begin{bmatrix} R_1 \\ R_2 \\ \vdots \\ R_m \end{bmatrix} = \begin{bmatrix} r_{11} & r_{12} & \cdots r_{1n} \\ r_{21} & r_{22} & \cdots r_{2n} \\ \vdots & \vdots & \vdots \\ r_{m1} & r_{m2} & \cdots r_{mn} \end{bmatrix}$$

考虑到因素集的权重向量 A，则综合评价结果：

$B = A \cdot R = (b_1, b_2, \cdots b_j \cdots, b_n)$。

式中 A——因素权重集；$\cdot$——合成关系；R——从 U 到 V 的隶属度矩阵；B 为综合评定结果。

在综合评价 $B = A \cdot R$ 的合成关系中有常用的两种合成方法：

① $M(\wedge \cdot \vee)$ 算法

② $M(\cdot, +)$ 算法

用 $M(\wedge \cdot \vee)$ 算法合成时有 $b_j = \overset{n}{\underset{i=1}{\vee}} (a_i \wedge b_j)$，即

$b_j = (a_i \wedge r_{1j}) \vee (a_2 \wedge r_{2j}) \vee \cdots (a_n \wedge r_{nj})$，其中 $j = 1, 2, \cdots, n$。上式表明运算是按小中取大的方式进行，突出了主要因素的权重隶属度的影响。

当用 $M(\cdot, +)$ 算法时有 $b_j = \sum_{i=1}^{n} a_i r_j$，其中 $j = 1, 2, \cdots, n$。这种算法是按乘加运算进行矩阵合成，又称加权平均型，综合考虑了各项隶属度和权重的影响。

5.3 产品仿生设计方案的评价

上文已经讨论过产品设计评价的一些方法和一般原则，这些原理和方法对于产品仿生设计的评价也是适用的，不过由于产品仿生设计有其自身的特点，因此在产品仿生设计评价标准中，要突出仿生方法带来的影响，强调仿生的质量，其主要因素有产品仿生的联想认知和产品仿生的功能语意等。产品仿生的联想认知指的是产品仿生营造的联想空间，根据上文的分析，仿生产品的造型最后呈变型或异型的两种状态，变型可以较容易地识别它和原型的关系，其需要的联想能力要求不高，而异型则造成了审美主体体验中不确定性和动态性，进而强化了审美主体的参与和审美想象，当然这也要求设计师具有更强的形态塑造能力。产品仿生的联想认知这个因素还常要与产品的使用者联系起来考虑，人们在不同的生长时期审美也是有差异的，由于审美

69

需求的差异,儿童、成人、老年等不同时期对仿生形态的抽象度的要求和认识也是不一样的。因此,产品仿生形态的抽象度时常会因消费者的细分而有所不同。产品仿生的功能语意指的是生物的特征和属性是否清晰地传达着产品的信息,能否召唤出产品潜在或缺席的功能性意义,这些显然为使用者对产品功能认知提供了便利,这个因素强调了被模拟的生物和产品之间的逻辑关联性。

在教学中,由于受多方面因素的限制,往往借助逼真的 3D 建模和效果渲染图的形式进行设计的评价,当然,实体模型也是我们可以借助的形式。通过与目标消费者和设计评估者进行充分交流,了解他(她)们对设计方案的观点,深入分析设计方案及构想是否吻合设计的目标和潜在的需求或要解决的问题,在具体的评价、访谈或咨询中,进一步找到设计需要改进和深化的方向。

实际上,评价贯穿着整个设计的过程,在许多情况下设计人员总是自觉或不自觉地运用已有的经验以及主观的判断和分析能力,进行设计的评价和决策。比如在产品仿生造型推敲的过程中,设计师往往凭经验、直觉的评价来进行。如图 5-2 展示了鲸鱼坐便器形态和色彩的推敲过程,完全是基于设计师的个人设计经验的判断,特别是把手的形态推敲,试图在鲸鱼尾部形态识别性和把手操作功能限制之间找到适度的平衡。

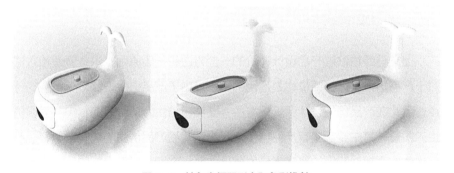

图 5-2　鲸鱼坐便器形态和色彩推敲

直觉的评价其作用虽然很大，但是容易因个人偏见而造成评价上的偏差。在教学中，对产品仿生设计方案的评价我们常采用坐标评价法对设计方案的众多设计标准的重要性进行分析和评估。坐标评价法设定评估标准中的每一项满分 5 分，各坐标轴代表一个评价标准，坐标上的点则表示出某方案在该评价标准上的分值，各项围成的面积越大则该方案的综合评定指数越高[42]。这种方法以图示化的方式处理评价结果，因此非常直观，容易理解和操作。如图 5-3 是由六个评价标准构成的坐标评价法，每个评价标准上都有 5 个标度，分别对应"很好、好、一般、差、很差"五个评价等级。

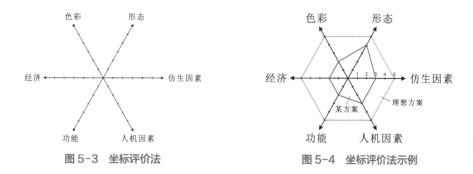

图 5-3　坐标评价法　　　　　　　　图 5-4　坐标评价法示例

应该说，设计评价只有在多方案的情况下才有意义，否则就无从比较，但有时我们也会遇到对某一个方案进行评价，这时应把评价时所依据的评价标准理解为一种抽象的"理想方案"，将实际方案与"理想方案"进行比较，从而确定实际方案的相对价值和优劣程度，作出判断。坐标评价法对于一个方案和多个方案的评价都是可行的。如图 5-4 是运用坐标法对一个方案进行评价示例，理想方案由最外围的标度形成一个最大的面积区域。对于运用坐标法对多个方案的评价，下面通过剃毛器的设计举例说明。

剃毛器的设计是一项针对女性使用者的虚拟产品设计课题，品牌为飞科。整个设计围绕对使用人群生活各个方面的调查而展开，在设计概念上重视个体差异，追求柔美、优雅、轻快等属性特点，通过温柔的有机形态，自然的色泽，以营造一种舒适和温润的触感。在具体构思中，运用仿生学，从植物的叶子和花卉以及豆、鱼、笑脸的形态、色彩和触感等方面做借鉴，提炼设计元素（图 5-5）。该产品设计主要提取绿叶、郁金香花朵、豆和鱼的外部轮廓线进行造型的展开，最后形成了剃毛器仿生设计方案四个（图 5-6~图 5-9）并运用坐标评价法对方案进行了评估。

图 5-5　剃毛器仿生设计的生物原型选择

图 5-6　剃毛器设计方案 1

图 5-7　剃毛器设计方案 2

图 5-8　剃毛器设计方案 3

图 5-9　剃毛器设计方案 4

方案一通过对绿叶的轮廓线进行提取，并经过适当的变形，以符合产品的结构要求。

方案二在提取郁金香花朵的轮廓线基础上，将其倒置并变形，有机柔和的曲面，使用起来舒适和方便，在色彩上也参照了郁金香的自然色泽，以符合女性产品的特质。其中透明控制面板采用模内装饰镶嵌注塑技术工艺。

方案三不对称的有机曲面形态，既有豌豆圆滑的造型特点，又能保持持握时良好的舒适度。情趣宜人，符合女性的心理情感特点。

方案四通过对鱼的轮廓线进行提取，在保留其主要特征线的基础上，进行产品造型的塑造，并试图强调鱼腮部的形态的特征，在设计中把它塑造成一个装饰的色环部件。该方案有机曲面的造型既保留了鱼的主要结构特征，在使用中又保持了良好的手感和舒适度，两者处理的非常巧妙。

对于剃毛器仿生设计的评价，由于各设计方案其功能基本一致，因此在评价标准中排除了功能因素的影响，根据产品的特点，主要从形态、色彩、人机、经济、维护、仿生六个方面的指标来进行评价。如图 5-10 所示剃毛器设计方案评价，比较一下各方案的评价，发现各项评价指标围成的面积大小为 $S_{方案四} > S_{方案二} > S_{方案一} > S_{方案三}$，根据坐标评价法的原则，各项围成的面积越大则该方案的综合评定指数越高。因此各方案的综合评价依次为方案四、方案二、方案一、方案三。方案四的综合评价最高，在形态、人机、经济、维护、仿生等方面都有较好的评价反馈，但在色彩方面却有所欠缺，对于"自然色泽、女性感"的特性表现不够，而在色彩评价中反馈相对较好的方案一和方案二的配色方案在这方面值得参照。因此，在对设计方案进行修改时，除了对受好评的设计点进行发展外，还应重视设计中存在的问题，同时借鉴其他设计方案的优点。

图 5-10　剃毛器设计方案评价

剃毛器的修改方案（图5-11）在保留方案四整体造型的情况下，参照玫瑰、郁金香植物的色彩以及其他方案的配色重新进行配色，以符合女性产品的特质，并将装饰的色环部件的材质改为金属，与按键的金属部位相呼应。

图 5-11　剃毛器的修改方案

当产品评价的问题、关系简单、方案不多的情况下，运用坐标评价法是一种可行的方法，但是坐标评价法是有缺陷的，因为它没有考虑各项评价标准的权重差别的影响，所以可能造成评价的偏差。当产品设计问题繁多，关系错综复杂、方案比较多的情况下，为了尽量减少评价中的偏差，就需要运用综合的、系统的评价方法，定性和定量结合的研究方式进行产品的评价。模糊综合评价法就是一种在教学中可行的方法，对于这种方法在产品仿生设计评价中的应用将在第六章第三节儿童坐便器的设计与开发中展开。

第六章　教学和设计实践的探索

　　设计专业的教学，特别注重理论和实践并行的方式，本章主要讨论产品仿生设计研究教学中相关课题作业的布置，并通过案例展示如何通过课程作业的设定来推动产品仿生设计教学的展开，训练学生理解和掌握、运用产品仿生设计的理论及方法。

6.1 教学课题的设置和分析

笔者在担任"设计研究"课程的教学过程中，一直尝试以产品仿生设计专题的形式展开教学，针对教学中学生暴露出来的问题，有效地训练学生掌握产品仿生设计的方法，逐步提出了该课程作业的设置方案。在讲解理论的同时，通过下面的课程作业来推动产品仿生设计教学的展开，并进一步理解和运用相关的理论。这个课程作业总共分三个阶段：

1. 生物特征观察与认知

时间安排：这个作业可以在第二章产品仿生设计的类型或第三章产品仿生设计中生物原型和特征的选择理论授课完成后布置。

作业内容和要求：每组学生选择一熟悉或感兴趣的生物，在亲身观察和进行详细资料的收集基础上，分别从主观和客观的两个方面来认识生物。每组学生将他（她）们的研究整理成一份 PPT 文档，并在课堂上进行口头阐述，通过这样的交流，在扩大视野和知识面的同时，进一步理解观察和认知的方法。

客观认知方面指的是对生物的形态、色彩、结构、功能以及它的习性、行为和运动机制等方面进行分析，这些是自然生命进化的选择，对设计具有重要的启发意义。主观认知指的是生物被人类赋予丰富的主观意义与象征。生物形态、色彩和概念不仅是自然生物种类和属性的反映，在人类长期与自然的交互中，一些生物被赋予了特殊的意义，成为其他事物的象征或代表，与其他事物建立起特定的关联，成为人类物质与精神生活的一部分。设计师关注主观方面认知，在仿生产品语意生成中往往会取得令人意想不到的效果。

在教学中，这一阶段也鼓励学生选择"生物特征比较认知"这一课题作业，集中比较几种同类生物或不同类的生物，关键是发现它们之间相同和不同的地方，找到可比较的特征。仍然可从客观和主观认识的两方面来展开比较。不过选择这一课题，要求学生掌握更广博的生物学知识，在善于观察的同时，更要细心体悟，精于思考。

比如对鸟、蝙蝠、蝠鲼、飞蜥蜴（图6-1）的"飞行"特点和原理比较分析，只有具有相当丰富的生物学知识的积累，才能发现它们具有类似的飞行（或滑翔）方式，进而比较和分析飞行（或滑翔）原理，发现它们的优点，从而更好地启示我们的设计。

图 6-1　鸟、蝙蝠、蝠鲼、飞蜥蜴的"飞行"比较

2．生物形态分析和提炼

时间安排：这个作业安排在第四章生物特征提取与产品转化理论授课完成后布置。

作业内容和要求：这一阶段要求学生尝试拓展三维造型的各种可能性。以第一阶段的研究为基础，对生物原型特征进行提取、简化，通过变形得到一系列变形和异形，总数不少于 5 个。在变形过程中，专注于形态的分析和推敲，仅从认知的角度关注获得的三维形态与生物原型的关系，鼓励学生反复思维，创造出新的二次甚至多次元的形态，以达到"异化"的程度。学生需要在课堂上汇报和交流自己的作业成果。

在这一阶段课题作业中，学生选择以下三种方式中的一种展开研究。

①利用雕塑泥、陶泥、油泥等黏土材料进行形态塑造和推敲。

②利用 Rhino、3DMAX 等设计软件进行形态分析和提炼。

③手绘的表现方式。

3．产品仿生设计

这一阶段学生在相关理论教学的引导下，逐步展开产品仿生设计，在课程的最后必须呈现具体的产品仿生设计方案。根据具体情况可以选择下面的一个方向进行：

①从产品概念到生物概念的仿生设计；

②从生物概念到产品概念的仿生设计。

前者实质是对实际仿生设计项目的程序训练，要求学生对所设计的产品对象，进行调查和分析，进一步明确目标产品的功能和情感等方面的属性和定义，在仿生设计方法可行性的情况下，通过思维导图、修辞等方法的辅助，找到可能模拟的生物原型和特征，并明确产品和生物之间的逻辑关联所在和性质。对于这些内容应该整理成 PPT 文件，并进行口头阐述，在演讲过程中，教师应与学生互动和讨论，提出一些建议。之后再按照第一章图 1-3 产品概念到生物概念的仿生设计程序进行设计的展开和方案的构思、评价、完善。

从生物概念到产品概念的仿生设计作业一般要求以第一阶段的研究成果为基础，去发展产品概念，注重发散，设计过程和结果多元开放。在教学中，笔者结合第一章图 1-4 生物概念到产品概念的仿生设计程序，逐步发展出产品仿生设计图表法来展开教学，帮助学生发展产品仿生设计的概念。

在教学中，笔者发现有部分学有余力的同学对于产品仿生设计相关理论的研究抱有浓厚的兴趣，有进行更深入研究和探索的激情，为了激励这些同学，笔者曾经尝试过以下主题来指导开展研究：

①产品仿生设计中的情感营造；

②CAID 与生物形态简化研究；

③竹木产品仿生设计研究；

④产品形态和生物形态的融合变形与意象认知。

在老师的指导下，小组同学根据主题制定研究的框架，并且要求用设计实践来验证自己的理论归纳和发现。最终成果以论文或 PPT 的方式上交，并在课堂上进行汇报与交流。

6.2　生物概念到产品概念的仿生设计

6.2.1　蜻蜓生物的仿生设计

"蜻蜓许是好蜻蜓，飞来飞去不曾停。捉来摘除两个翼，便是一枚大铁钉。"这首诗道出了蜻蜓身体轻巧，飞行能力很强，体形修长。蜻蜓是节肢动物，由头、胸、腹、翅、足等器官构成，主要特征是体躯由一系列体节组成，分节明显，便于其灵活运动，体表有外骨骼，具支撑和保护作用，还能减少体内水分的蒸发。翅长而窄，膜质，网状翅脉极为清晰，形体对称极具美感。

蜻蜓躯体由头、胸、腹三部分构成，分节清晰有过渡形态，腹部细长、扁形或呈圆筒形，整个纤细状的尾巴略弯成美丽的弧线。

首先抓住蜻蜓的整体特征进行概括，删减双翅，强化突出蜻蜓的躯干与足的特征与组合关系，通过一步步的提炼，最终得到了如图 6-2 中形态 1。图 6-2 形态 2 展示了对蜻蜓躯体简化的一种状态，保持了头、胸、腹三部分形体轮廓特征，并且过度清晰。图 6-2 中的形态 2~6 与前面相比较，蜻蜓的头、胸、腹三部分和纤细的尾部逐渐简化和融合成了一个流线型的形体，变形过程强调躯体曲线的连续性，最终得到了具有流线感的系列有机自然形态 2~6。形态 6 已经具有朝几何形态转变的趋势。

图 6-3 呈现了在用实体模型对蜻蜓整体特征分析的基础上，结合系列简化的有机自然形态，再次使用设计软件 Rhino 提取和分析其三维形态，获得蜻蜓的简化式样。运用思维导图展开联想，发现蜻蜓躯干细长、外骨骼包覆、呈圆筒状、灵活轻巧的这些特点可以和大多数产品的手柄部件概念相对应，最后选择按摩器产品展开设计，依据按摩器产品形态特征，结合上面形态分析，运用草图进一步进行产品转化构思，最后的设计结果保持了蜻蜓生物特征较高的认知识别性，同时其简约的有机形态与现有按摩器的产品形态、结构特征、功能要求有较好的匹配效果。

图 6-4 展示了蜻蜓局部特征的提取和产品转化，局部形态 1 突出了蜻蜓腹部的形状和纹理等特征。局部形态 2 是对蜻蜓头部的形体特征提取并变形获得的形态，保留了蜻蜓的眼睛又大又鼓，几乎占据着它的整个头部的特点。局部形态 3 是通过对蜻蜓的网状翅脉分析和提取，变形后形成虚实相结合的纹理图形，将这种二维纹理图形应用在餐刀的手柄形态设计和运动水壶的三维形体上，除了有极好的视觉美感外，水壶的运动感也呼之而出。

6.2.2　产品仿生设计图表法及其在蜜蜂仿生设计中的应用

产品仿生设计图表法是一个从生物概念找到产品概念的一个系统的程序，主要是分析所选生物的特征和属性，并从这些属性和特征的描述中选择和提炼出形容词、名词、动词等关键词，运用思维导图，通过联想思维转化成最后的产品概念，它总共十步，其步骤见产品仿生设计图表法的详细说明表[43]（表 6-1）。

蜻蜓
原型
0

形态 1

形态 2

形态 3

形态 4

形态 5

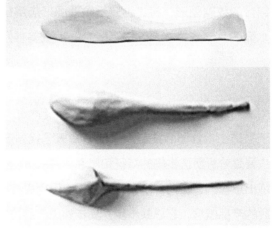

形态 6

图 6-2　蜻蜓整体形态特征提取和变形过程

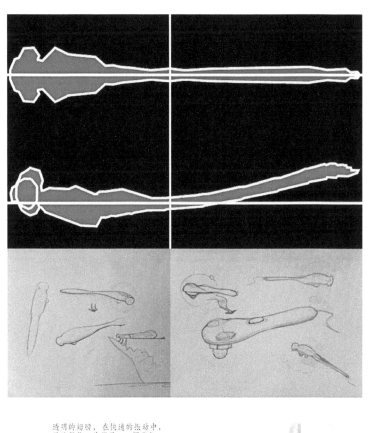

81

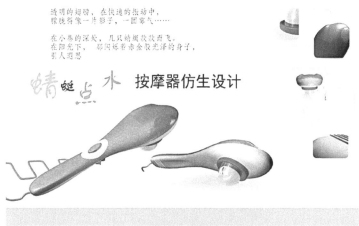

图 6-3　蜻蜓整体形态特征产品转化

局部
形态
1

局部
形态
2

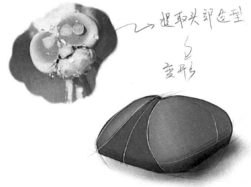

局部
形态
3

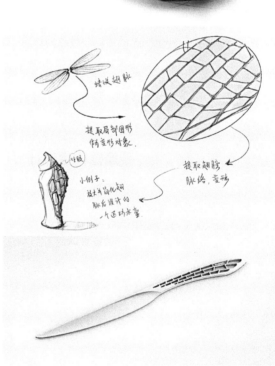

图6-4 蜻蜓局部特征提取和产品转化

产品仿生设计图表法的详细说明表　　表 6-1

步骤	主题	表示方法		
		文字	照片／图片	事物（产品）
0	描述生物体的名字以及用图片来呈现	●	○	
1	使用照片、图片、插图来解释生物体的特征		●	
2	使用照片、图片、插图来描述最能代表生物体的独特特征	○	●	
3	使用照片、图片、插图来描述生物体其他的特征、习性、行为和行动机制	○	●	
4	使用合适的书面文字来描述在步骤 3 中生物体各种各样的特征、习性、行为和行动机制	●		
5	从步骤 4 中挑选关键词，并分类成名词、形容词、动词等	●		
6	运用思维导图，通过头脑风暴法，使用步骤 5 中关键词展开联想，并将涉及事物和产品用照片、图片来说明		●	●
7	在方格中重新排布来自于步骤 6 中的照片、图片、物体		●	●
8	以步骤 2 中建立的特征作为基础，然后从步骤 7 选择大量的照片、图片、物体以公式化的形式来推测形成几种可能的概念方向，以这些可能的概念方向为基础进行仿生产品的构思，并用文字或草图呈现		●	●
9	结合设计、市场、生产工艺等从步骤 8 中选择最好的概念，进行深入的设计推敲和展开	○	●	

注释：

● 在这一步主要的代表性的方法

○ 在这一步次要或非必要的方法

仿生设计图表法中步骤 2 在仿生设计图表法中是一个很重要的阶段，一旦生物独特的特征融合到产品的概念中，产品就更容易激发起使用者的联想和认知，从产品语意生成的角度来看，也是非常重要的。图表法鼓励学生在步骤 2 提出一些最能代表生物的独特特性，并且在步骤 8 中将其和由步骤 7 关键词联想产生的事物和产品结合生成产品概念，最终的目的是让学生将生物独有的特征贯穿和渗透到整个的设计过程中。

附录一是笔者教学中一组学生运用仿生设计图表法展开的课程作业，选择的生物是蜜蜂，在步骤 2，他（她）们选择尾部的螯针和腹节处的黄黑交替色彩作为它最具代表性的特征，随着后面分析的深入，将蜂巢结构和通过舞蹈语言来传达信息也归纳到它的独特特征中。在步骤 5 中，选择下面的名词作为关键词：刺针、蜂巢结构、黄黑交替的色彩，形容词关键词包括勤劳、团结、嗡嗡、灵敏，动词关键词包括警示、舞蹈、信息的交流。在步骤 7，选择蜜蜂刺针、黄黑交替的色彩特征以及由这些关键词展开联想所形成的事物和产品以公式化的形式形成产品概念，分别是开瓶器、牙签盒和书架等，最后发展了开瓶器和牙签盒的设计。学生在口头演讲中是这样阐述他（她）们的想法的：蜜蜂尾部的螯针让他（她）们联想到开瓶器扎入木塞的螺丝锥部位，舞蹈的关键词让他们想到了开红酒的安娜小姐开瓶器，当它展现优美的舞姿时，酒也被打开，因此想将蜜蜂的翅膀及其运动演变成开瓶器的两侧把手和开启动作，同时结合黄黑交替的色彩进一步表达警示的概念，传达出注意产品的安全操作的语意。当牙签筒遇上蜜蜂注定了相爱，蜜蜂的腹部近似椭圆形，尾部的螯针是她们的相似所在，也注定了其缘分，设计的构想就这样自然产生。从修辞的角度看都是隐喻的关系。

仿生设计图表法中步骤 5 的有效执行是影响结果的关键因素之一，被分为三部分：步骤 5.1 是名词关键词提取，步骤 5.2 是动词关键词提取，步骤 5.3 是形容词关键词提取。名词和形容词允许我们去描述生物的形态、色彩、肌理、结构和功能的特征，形容词和动词能够描述生物体的习性、行为和运动的机制，学生能够从步骤 4 中关于生物特征的文字描写中提取三种关键词，通过这些关键词展开联想来发展设计的概念。

另一个导致最后结果不同的因素是从步骤 5 到步骤 6 的转换，这是一个从文字到图像概念的转换阶段，这个阶段的转换也反映出学生的联想能力。通过与学生的交流，大部分同学认为这一阶段是十个步骤中最难的。同时他（她）们也认为除了个人的设计能力，个人的生活经历、对生物体的熟悉和物体造型的掌握程度，甚至是语言的运用能力，这所有的因素都会影响最后产品仿生设计的质量。

在教学中，需要花大量的精力给学生解释这个转换的过程，并且让他（她）们明白和掌握关键的因素。尽管同学们一致认同产品仿生设计图表法能够积极地引导学习的展开，对概念和创意的生成也有积极的影响，最终也促使了产品设计提案和被模拟的生物之间产生了各种各样的联系。但是，在教学中仍然发现一些同学在转换的过程中存在困难。因此，将来的研究应该进一步检验和讨论从关键词到图像转换过程中的认知技巧和模型。

综上所述，产品仿生设计图表法是组织有序的系统方法，各个步骤之间有其内在的逻辑关系，紧密相连。在教学中，也是一种可以有效操作的方法。

6.3 产品概念到生物概念的仿生设计

6.3.1 隐形眼镜清洗器设计

在近视率很高的我国，佩戴隐形眼镜的人群年龄段以 20~30 岁左右的都市青年居多。这一群体受教育程度相对偏高，虽然经济条件一般，但是更愿意追求生活和一些日常物品的品质，注重个人形象呈现。

体验经济时代的来临，都市青年群体在基本功能需求得到满足的基础上，更愿意追求产品的情感价值所带来的个性化特质，希望设计能赋予产品高度的情感体验，在使用的同时带来一种充满趣味、愉悦的心理感受，以便缓解并减轻人们的精神压力。

隐形眼镜清洗器是靠振动原理来清洗隐形眼镜镜片的，目前市场上主要有超声波隐形眼镜清洗器和偏心轮振动式的隐形眼镜清洗器两种类型，偏心轮振动式的隐形眼镜清洗器品牌和种类很多，是都市青年首选的类型，这类产品价格低廉，普遍采用趣味、可爱的造型，色彩非常丰富，容易博得都市青年的情感共鸣，从而激起购买欲望。本次设计要求参照现有产品的基本功能、不改变工作原理、内部结构和排布方式不做大的改变，产品使用方法基本保持不变。因此我们认为这类产品的设计应造型美观，突出趣味性和情感性，采用仿生设计方法具有较高可行性。

85

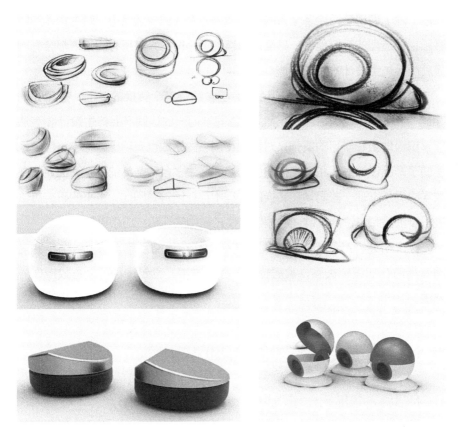

图6-5　河蚌、贝壳、青蛙、蜗牛　　　图6-6　蜗牛形态特征提取和产品转化
　　　　形态特征提取和产品转化

　　图6-5选择河蚌、贝壳、青蛙、蜗牛等生物原型展开形态分析，通过不断抽象，突出动物的主体特征，对主体没有重要影响的局部特征进行适当删减，得到的形态饱满圆润。选择部分通过三维建模并渲染出的形态进一步检验其是否符合产品现有结构和造型期望的结果，这个阶段结果经直觉评价后，参与者一致认为这组形态在生物认知和产品匹配方面都不够理想，可行性不高，并认为蜗牛的形态变形值得进一步分析和挖掘。

　　图6-6对蜗牛形态再次进行分析和变形，抓住其形态圆润、可爱的特征，身体各个部分的分割可以灵活安排隐形眼镜清洗器的产品功能和结构各部件。通过三维建模和渲染，评价整个形态和色彩搭配的效果，发现整个形态从侧面与正面看，形态比例和视觉效果与预期有比较大的差异，形态偏大与现有产品匹配较差，不太适合深入发展。

在多次生物特征的提取和产品转化失败后，经过讨论和评估，转而重新选择新的生物原型乌龟，因为乌龟行动缓慢，憨态可掬，与目标消费者的情感需求契合。

图6-7首先展现了对乌龟的形态提取和变形，删减四肢和尾巴，抓住乌龟缩进壳里的神态，得出5个不同的抽象形态，通过分析比较这些形态后，选定1号形态作为基础方案进行进一步的深入分析。通过三维建模和渲染获得两个不同的三维形态，一个扁平、一个圆鼓，通过比较，确定圆鼓的比较饱满，有张力，更能与现有产品功能和结构安排匹配。

图6-8展示结合现有产品结构部件尺寸要求和限制，进行建模和完善，并进一步推敲色彩设计。

从隐形眼镜清洗器整个设计过程来看，产品仿生设计中生物原型形态提取和产品转化很难一次性获得满意的求解，只要遵循产品仿生设计的程序，反复不断地分析和推敲，一定能从大自然中找到合适的模仿对象。

6.3.2 儿童坐便器的设计与开发

通过隐形眼镜清洗器设计课题实践与分析，对产品仿生设计有了更进一步的认识，同时也积累了一定的经验。但不同类型的产品之间必然存在着一定的差异，产品仿生设计研究的发展，完善与深入需要不同类型产品设计开发实践过程的检验。儿童坐便器的设计与开发是与嘉兴某企业合作的实际项目，企业期望设计一个安全舒适、有特色的、有趣味的且成本与工艺合适的新颖产品，并具有市场推动力。在与企业沟通后，双方在产品开发的过程中逐渐取得了运用仿生设计的方法共识。因此能在设计过程进一步实践和验证之前的理论研究，利用科学评价体系模型，对设计方案进行统一、系统的评价，通过设计——评价——再设计的过程，为企业设计出待开发的新产品。

1. 儿童坐便器设计目标分析

首先，我们对儿童坐便器进行市场调查，在分析之后逐渐建立这一产品在设计上所要达到的目标与特性。归纳起来主要有以下几点：①培养儿童上厕所的好习惯；②促进儿童上厕所的主动意识，特别是在冬天，让儿童坐在冰冷的坐便器上确实不是一件容易的事情；③方便操作、使用安全、易于清洁；④具有多种功能可能，从而延长产品使用寿命。我们对促进儿童独立大小便的主动意识进行深入分析，认为应该从外观和功能的设计上营造趣味和

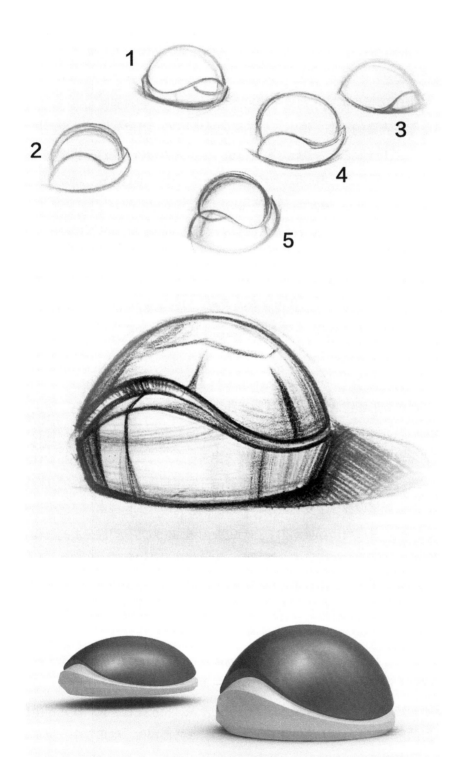

图 6-7　乌龟形态特征提取和产品转化

『乌龟』隐形眼镜清洗器设计

设计说明

隐形眼镜清洗器的设计是一个情感化的仿生设计，围绕慢生活理念，于是联想到行动缓慢的乌龟。从这个点出发，对乌龟的形象进行简化抽象，删减了乌龟的四肢形体，得到了这个可爱的外形，仿佛缩进壳里乌龟。

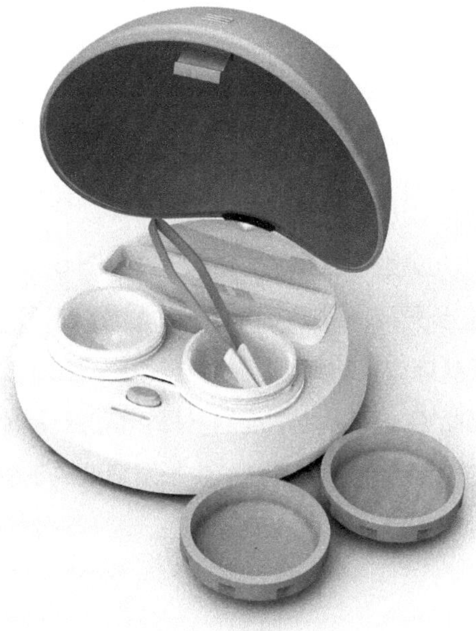

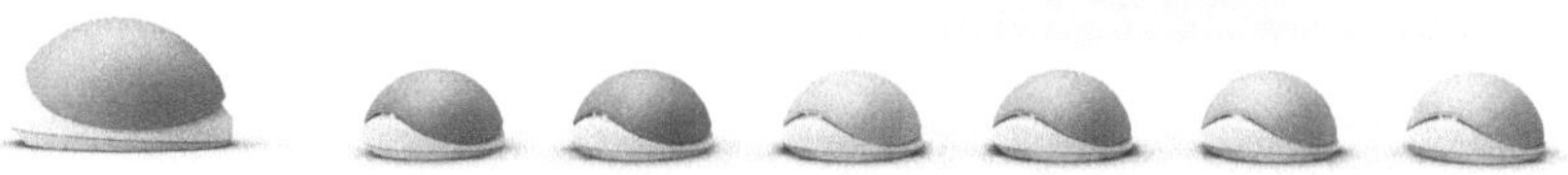

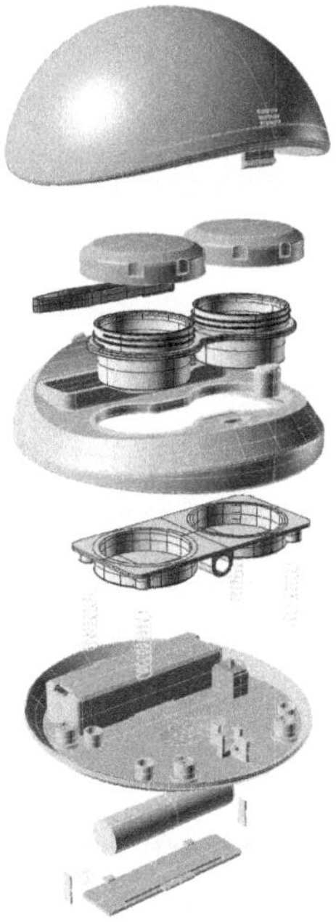

细节爆炸图

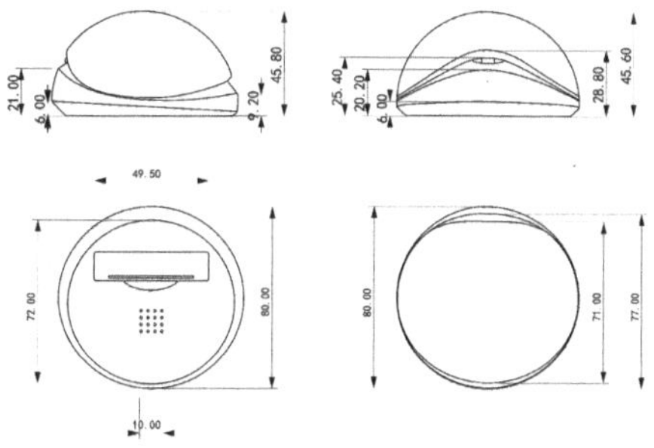

尺寸三视图

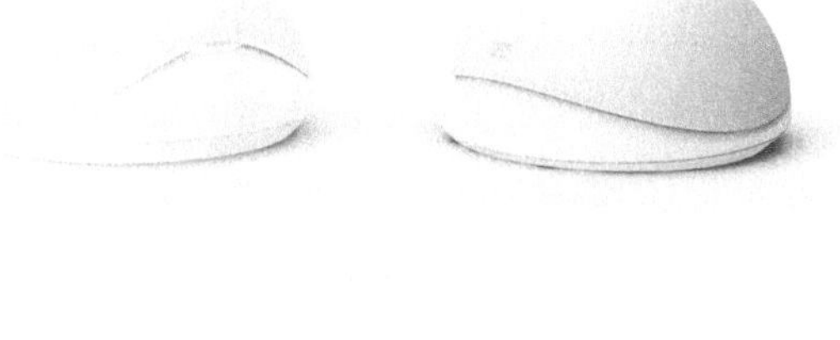

图 6-8　乌龟隐形眼镜清洗器设计

娱乐的特点，增加一些音乐的功能可以给儿童带来一些心理暗示，从而使儿童排泄的生理反应更加强烈，也增添了不少趣味性。根据儿童认知心理，一些卡通、生物造型的外观更能引起其兴趣，因此主要从仿生设计的方法角度展开构思。对于儿童坐便器的功能我们也作了一些分析，儿童坐便器从功能因素方面考虑主要可以分为基本功能和附加功能，基本功能主要是满足排泄功能，附加功能包括其他用途，美观度、舒适度、安全度、趣味度、益智度等。儿童坐便器产品功能区分图（图6-9）就是针对这两个方面的因素做出的初步分析：从图中我们可以看出，在充分满足基本功能的情况下，很少有产品具有较好的附加功能，多数产品由于过度追求外形，导致外形和功能的冲突，影响了基本功能的发挥，有的产品的人机关系不合理，导致了儿童坐姿的不正确，这对儿童的生长发育造成了很大的影响。

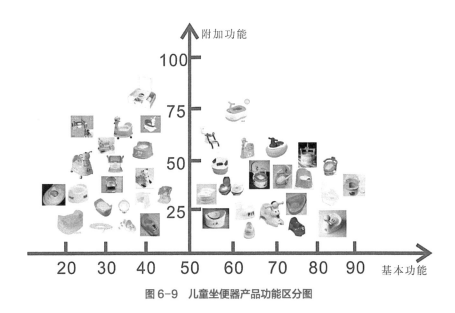

图6-9 儿童坐便器产品功能区分图

2. 生物原型和特征的选择

根据上面的设计目标分析，运用思维导图的方法进行联想和思考（见第三章图3-13"儿童坐便器"的思维导图），并用修辞辅助法进一步分析思维导图中涉及的生物与产品之间的逻辑关联的性质，从而选择支持上述设计目标和属性的生物原型及其特征。最后选择了乌龟、母鸡、蜗牛、鲸鱼、兔子、马、驴等动物，这些生物给儿童传递的感觉是可爱、易于接近，而非恐

惧、害怕等负面印象，进一步分析后发现，这些生物形态经过变形之后，能
较好地与产品的特征匹配，特别是蜗牛触角以及鲸鱼的尾巴与儿童坐便器的
扶手之间的关系，从修辞的角度分析是能指相似的隐喻。在概念上试图将母
鸡下蛋与儿童排便两者联系起来，母鸡下蛋后会发出"咯咯达"的声音，那
么设想儿童便后通过某一按键装置使产品也能发出类似的声音，从而达到提
示照看人的功能，也增加了产品的趣味和娱乐，从修辞的角度分析是类推的
关系。马和驴本来就是骑乘的工具，在设计试图保持这一点，吸引儿童主动
使用这一产品，儿童在使用这一产品时，延续了骑马和驴想象和体验，从修
辞的角度分析是所指相似的隐喻。

3. 生物特征提取和产品转化

根据上一步的分析，对生物特征进行提取和产品转化。图 6-10、图
6-11 是分别对乌龟和母鸡的特征提取和产品转化过程。图 6-12 是对驴的
特征提取和产品转化过程，在后来的分析中发现其和马的特征很相似，因此
将对驴的特征的分析融入马的特征提取和产品转化中去。图 6-13 是对兔子
特征进行分析和提取，突出了兔子耳朵的特征，之后发现难以达到理想效
果，因此在后来的深入发展中被淘汰。图 6-14 是对马的特征提取和产品转
化过程，在对马的形体和动态进行分析后，在构思中逐渐锁定马鞍和缰绳等
局部形态进行方案的推敲，草图中也反映了试图用体操吊环和鞍马的元素来
设计扶手；图 6-15 是对蜗牛的特征提取和产品转化过程，由于难以产生理
想的方案，虽然在后来的发展中被淘汰，不过对它的分析，特别是触角部
位，影响了后来鲸鱼特征的分析和提取。图 6-16 是对鲸鱼的特征提取和产
品转化过程，通过对鲸鱼的身体形态简化，突出躯干肥胖圆润，由大到小的
形状特征，特别是其尾巴的形态变形推敲，试图在鲸鱼尾部形态可识别性和
儿童坐便器把手功能需求之间找到平衡。

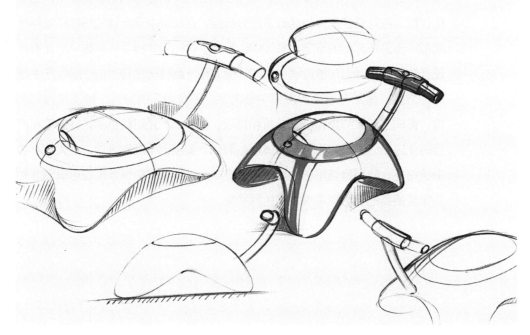

图 6-10　乌龟特征的提取和产品转化

图 6-11　母鸡特征的提取和产品转化

图 6-12　驴特征的提取和产品转化

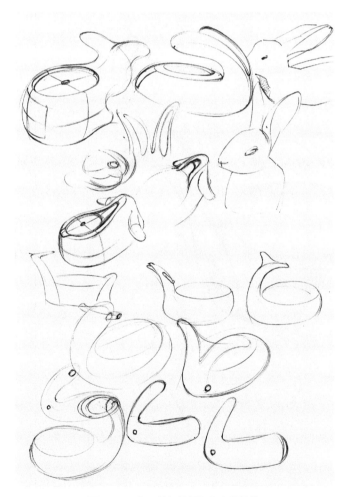

图 6-13　兔子特征的提取和产品转化

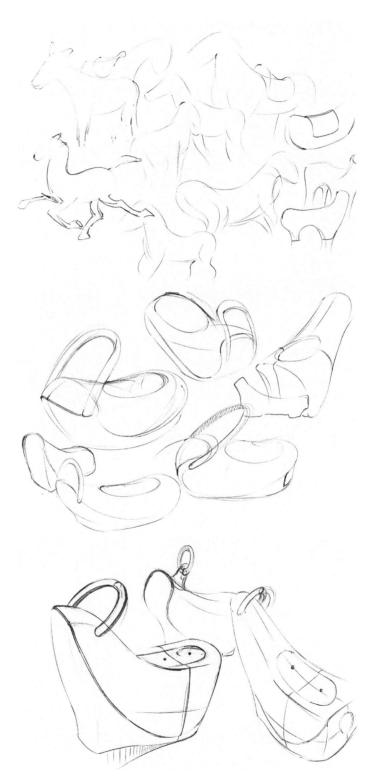

图6-14　马特征的提取和产品转化

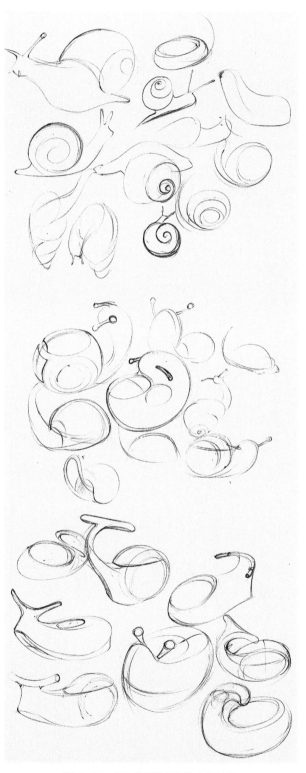

图 6-15　蜗牛特征的提取和产品转化

图 6-16　鲸鱼特征的提取和产品转化

4．儿童坐便器设计方案

根据前面分析和设计，最终提出了四款设计方案，分别以 A、B、C、D 进行编号。

方案 A（图 6-17）的造型是由乌龟的特征演变而来，通过一些简单的组装可以改变它的形态和功能，除了坐便器的基本功能之外，还有小凳子、小推车、踏脚蹲等许多附加功能，来配合宝宝成长的三个不同年龄阶段使用，大大延长了产品使用寿命。同时，在其扶手处，通过按键的操作，能发出"嘘嘘"声，引导大小便，可有效帮助婴幼儿建立有规律的大小便习惯。在使用过程中，坐便器的内胆可外套一次性纸带，避免传统婴儿坐便器便后需冲洗的麻烦。

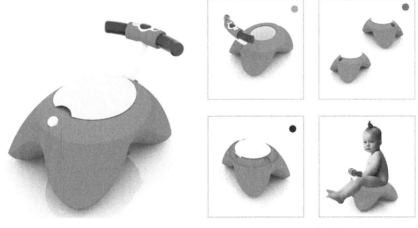

图 6-17　儿童坐便器设计方案 A（设计者：陈芸/指导：李锋）

方案 B（图 6-18）的造型是由母鸡的特征演变而来，头部音乐按键为产品增添了趣味性，当便完后，操作按键能发出"咯咯达"的声音，从而提醒旁边的照看人，并使其将母鸡下蛋与幼儿排便形象地联系起来，让照看的过程变得轻松有趣。两个踏脚的地方采用了脚板的形式，向孩子传达了一种搁脚的信息，进一步端正孩子的坐姿。

图 6-18　儿童坐便器设计方案 B

方案 C（图6-19）的造型是对马匹身形抽象而来，并着力营造出马鞍的感觉，扶手处的造型借鉴了体操鞍马扶手的元素，最后设计成了一个可坐、可骑的玩意儿，平时也可以作为一个小凳子来使用。其造型线条流畅，整体感强，前小后大的造型提高了幼儿使用时的舒适度。从仿生的角度来看，其造型能让人联想到蜗牛、青蛙、鸡等动物的形象，是处于异形状态的变形。在使用上延续了一种骑马的感觉，增加了产品的亲和力，促进儿童独立大小便的主动意识。

图6-19 儿童坐便器设计方案 C

方案 D（图6-20）的造型是由鲸鱼的特征演变而来，前小后大的造型提高了幼儿使用时的舒适度。其扶手的设计借鉴了蜗牛触角的形态，从而使其造型能让人联想到鲸鱼、蜗牛两种动物形象，从变形的结果来看，是处于异形状态的变形。

图6-20 儿童坐便器设计方案 D

5. 儿童坐便器设计方案评价与深化

由于这四个设计方案都有各自的优点，关系比较复杂，难于用坐标法等简单的评价方法进行科学有效的评估。因此利用第五章中所提及的评价方法以及产品仿生设计评价应强调仿生因素的特点，对以上的四款设计方案进行综合的评价。运用模糊层次分析法，根据儿童坐便器的产品特点，首先进行层次的划分与评价指标的归纳，拟定权量系数；然后由 6 位专业设计人员与 4 位资深企业产品开发人员组成 10 人评估小组，以"很好、好、一般、差、很差"分 5 个等级进行评定，并分别记 5、4、3、2、1 分，各项累加后取平均值（表 6-2）。

评估记分统计表　　表 6-2

	占比	内容	A	B	C	D
最优方案	功能 0.20	基本功能 0.3	3.9	4.0	4.0	4.0
		安全舒适 0.4	3.8	3.7	4.0	4.1
		创新 0.3	4.7	4.0	4.4	3.8
	形态 0.20	与功能协调 0.3	3.6	3.7	3.9	4.2
		新颖、独特 0.4	4.4	3.8	4.3	4.0
		趣味 0.3	4.2	3.8	4.1	3.7
	色彩 0.15	色彩协调 0.4	3.4	3.5	3.6	3.6
		符合儿童认知 0.6	4.0	3.9	3.6	3.5
	仿生 0.20	联想认知 0.4	3.7	3.7	4.2	4.1
		功能语意 0.6	3.6	3.7	3.9	3.6
	经济 0.25	开发成本 0.3	3.3	3.4	3.8	3.9
		生产成本 0.3	3.5	3.5	3.8	3.7
		赢利空间 0.4	3.7	3.5	3.9	4.1

进行一级模糊综合评判

功能因素方面：

$B_1 = A_1 \cdot R_1$

$$= (0.3, 0.3, 0.4) \cdot \begin{bmatrix} 3.9 & 4.0 & 4.0 & 4.0 \\ 3.8 & 3.7 & 4.0 & 4.1 \\ 4.7 & 4.0 & 4.4 & 3.8 \end{bmatrix}$$

$$= (4.19, 3.91, 4.16, 3.95)$$

归一化处理得：

$B_1 = (0.258, 0.241, 0.257, 0.244)$

形态因素方面：

$B_2 = A_2 \cdot R_2$

$$= (0.3, 0.4, 0.3) \cdot \begin{bmatrix} 3.6 & 3.7 & 3.9 & 4.2 \\ 4.4 & 3.8 & 4.3 & 4.0 \\ 4.2 & 3.8 & 4.1 & 3.7 \end{bmatrix}$$

$$= (4.10, 3.77, 4.12, 3.97)$$

归一化处理得：

$B_2 = (0.257, 0.236, 0.258, 0.249)$

色彩因素方面：

$B_3 = A_3 \cdot R_3$

$$= (0.4, 0.6) \cdot \begin{bmatrix} 3.4 & 3.5 & 3.6 & 3.6 \\ 4.0 & 3.9 & 3.6 & 3.5 \end{bmatrix}$$

$$= (3.76, 3.74, 3.60, 3.54)$$

归一化处理得：

$B_3 = (0.257, 0.255, 0.246, 0.242)$

仿生因素方面:

$B_4 = A_4 \cdot R_4$

$= (0.4, 0.6) \cdot \begin{bmatrix} 3.7 & 3.7 & 4.2 & 4.1 \\ 3.6 & 3.7 & 3.9 & 3.6 \end{bmatrix}$

$= (3.64, 3.70, 4.02, 3.80)$

归一化处理得:

$B_4 = (0.240, 0.244, 0.265, 0.251)$

经济因素方面:

$B_5 = A_5 \cdot R_5$

$= (0.3, 0.3, 0.4) \cdot \begin{bmatrix} 3.3 & 3.4 & 3.8 & 3.9 \\ 3.5 & 3.5 & 3.8 & 3.7 \\ 3.7 & 3.5 & 3.9 & 4.1 \end{bmatrix}$

$= (3.52, 3.47, 3.84, 3.92)$

归一化处理得:

$B_5 = (0.239, 0.235, 0.260, 0.266)$

进行第二级模糊综合评价

$B = A \cdot R$

$= (0.20, 0.20, 0.15, 0.20, 0.25) \cdot \begin{bmatrix} 0.258 & 0.241 & 0.257 & 0.244 \\ 0.257 & 0.236 & 0.258 & 0.249 \\ 0.257 & 0.255 & 0.246 & 0.242 \\ 0.240 & 0.244 & 0.265 & 0.251 \\ 0.239 & 0.235 & 0.260 & 0.266 \end{bmatrix}$

$= (0.2493, 0.2412, 0.2579, 0.2516)$

$\max b_j = b_3 = 0.2579$

　　从评价结果中可以看出，方案 C 为综合评价的最优方案。在功能、形态、仿生、经济等方面方案 C 都有较好的评价反馈，但在色彩方面却有所欠缺。而在色彩评价中反馈相对较好的方案有 A 和 B。经过讨论发现方案 C 的扶手与底座的色彩一致，这种配色关系在使用中是有问题的，因为产品的使用对象一般是 1～3 岁的幼童，不太可能听懂像扶手这样的抽象词汇，但却能够辨别颜色，如此一来，照看人只要要求小朋友把手放在有某种颜色的地方而不是握扶手就可，在这一点上，方案 A 和 B 处理得更好。方案 C 中的扶手角度成垂直状态，这样不利于小朋友的抓握。讨论中也一致认为方案 C 的形态容易延伸和拓展到童车、摇摇椅等产品的设计中去，能够形成儿童产品系列设计的效应。

　　根据设计方案评价以及讨论的结果，结合企业生产标准与工艺，以综合最优方案 C 为基础，借鉴其余各方案中的闪光点，对原设计创意方案进行修改与完善，形成儿童坐便器最终的产品开发方案（图 6-21）。

图 6-21　儿童坐便器最终的产品开发方案

　　最终的产品开发方案从人机的角度考虑改变了扶手的倾斜角度，更便于小朋友的抓握。配色上采用纯度高的色彩，扶手与底座采用不同的颜色，整体色彩协调，符合儿童的色彩认知能力，也便于对小朋友的训练和使用，多种色彩款式的选择能较好地与家居环境融合。扶手材料使用 EVA 橡塑发泡材料，具有良好的防震、缓冲性能；其他部件主要采用防静电的 ABS 塑料，表面光滑，又可以防止静电的产生，有利于保护儿童娇嫩的皮肤。根据上面分析和修改，最后通过油泥模型的制作进一步来推敲和完善其造型和细节，并进一步检验其人机关系及尺寸的合理性，图 6-22 是完成的儿童坐便器的油泥模型。

图6-22　儿童坐便器油泥模型

6. 实践小结

此次与企业所进行的实际性的新产品开发项目，相比于教学虚拟的课题，企业设计实务对产品仿生设计的研究具有更深层次的意义。实践是在之前研究成果的指导下展开的，在此过程中，灵活、巧妙地运用了这些理论和方法。通过研究所得的评价体系对各设计方案进行了科学有效的评价，将评价结果与企业进行讨论，并以企业生产标准和工艺等方面为基础，对原设计方案进行修改，形成最终的待开发新产品，真正完成了由虚拟到现实、由实践到实现的转变。

同时在具体的实际性操作过程中也发现了一些客观存在的问题。

首先，实际性的设计项目与虚拟的设计课题存在着差异性，客观因素的影响更加突出。比如，企业拥有的资源和研发能力就是一个很重要的因素，不同企业的规模、制造与加工能力、技术水平、市场份额直接对其所开发产品的投资额度、市场定位、成本、工艺等方面产生影响。此次产品的设计开发就受到加工工艺、成本、与已有产品零件互通等诸多因素的影响，以致许多设计概念点无法突显出来。

其次，因为风险性的存在，也可能使得企业对产品开发放不开手脚，本次设计合作过程中，虽然企业认同产品仿生设计的理念，但在合作开发的过程中仍然带有忧虑，这也从侧面反映出了我们尚未提供一个坚实、有效的产品仿生设计的保障平台。由于针对产品仿生设计的理论研究还处在初级阶段，实践经验少、有效实证欠缺，势必影响了其科学性和有效性。此次实践告诉我们，产品仿生设计的方法和评价体系在理论上还有待进一步的完善与发展，在企业界和设计界，需要进行积极的推广与实践。

第七章　设计作品赏析

　　本章从三个方面展示了产品仿生设计案例，并做了简要的分析，作为对本书相关理论和方法在设计实践中的可行性进一步的印证。这些案例包括教学过程中的学生习作、本专业教师设计团队为宁波凯达橡塑工艺有限公司开发的新产品隐形眼镜护理盒和隐形眼镜清洁器项目的部分成果、本专业毕业生自创品牌问童子的部分上市的作品。

7.1 问童子品牌仿生产品设计

杭州问童子文化创意有限公司由沈泽等人于 2010 年创立，问童子是国内最具创意和想象力的原创家居品牌之一，公司涉及的产品主要为布艺家居、车饰品和玩具。目前问童子的主要原创产品有：一鹿平安系列竹炭车饰摆件、夜来喵系列毛绒夜光产品、乌咕咕中药薄荷公仔、Mr. 东郭炭包挂件以及武松打虎、木牛＆流马、貔貅、画蛇点睛系列等。该品牌产品大致可分为两类，一类是基于仿生设计形成的，一类是基于传统文化形成的，通过挖掘生物特征和文化中的故事、俗语等来塑造产品。产品设计开发主要由创始人沈泽负责，每次去拜访他，工作室的桌案上总能看到那本《图解山海经》，大概深受此书的影响，其品牌产品既有整体仿生也有局部仿生，有变型，也有异型，特别是分解重构形式的异型，仿生设计手法运用比较灵活。本节展示了该品牌部分已上市的设计（图 7-1~图 7-5）。

一鹿平安 爲何物？

图 7-1　问童子一鹿平安竹炭包（设计者：沈泽）

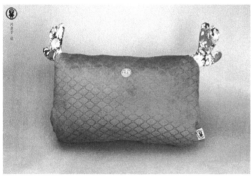

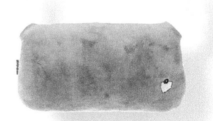

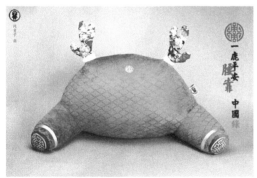

图 7-2　问童子—鹿平安系列产品（设计者：沈泽）

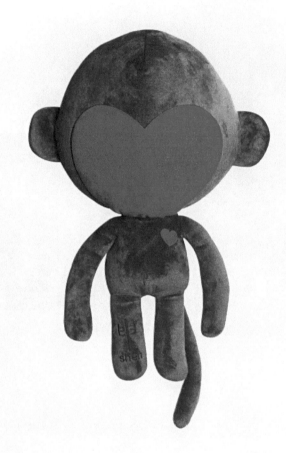

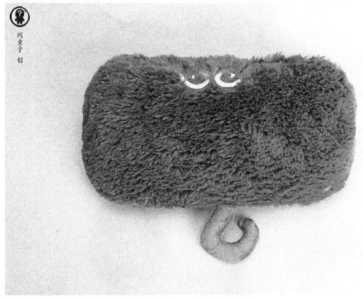

图 7-3　问童子猴系列产品（设计者：沈泽）

图7-4　问童子夜来喵系列产品（设计者：沈泽）

图7-5 问童子貔貅系列产品（设计者：沈泽）

7.2　宁波凯达品牌仿生产品设计

宁波凯达橡塑工艺有限公司是中国专业隐形眼镜生产商,是国家标准GB20812-2006参与起草单位之一,其生产的"KAIDA"隐形眼镜护理盒系列产品被评为中国优质产品,无论是产品研发还是产品质量,其精湛的设计和工艺都已具有一流的水平,是国内外各品牌隐形眼镜公司的优秀供应商,产品远销美国、日本、东南亚、中东等国家和地区,品牌目前在国内市场占有率高达60%。该品牌长期与本专业教师设计团队合作进行新产品设计和研发,本节展示了该品牌隐形眼镜护理盒和隐形眼镜清洁器已上市的部分设计。这类产品,部件组合结构相对简单,造型设计的自由度较高,因此主要遵循生物认知识别原则,对动物脸部、身体轮廓等重要特征进行提取和变形,成了产品的主体形态,大多数设计细节上保留了生物的一些次要特征,它们以图案的方式或精细的三维形态与产品主体相融合,这些进一步加强了仿生产品被模拟对象的辨识性。设计给人的意象认知都是比较直接和清晰的,是处于变型状态的"常态形",从修辞角度来看其仿生手法大多都是基于形式类似的隐喻(图7-6、图7-7)。

111

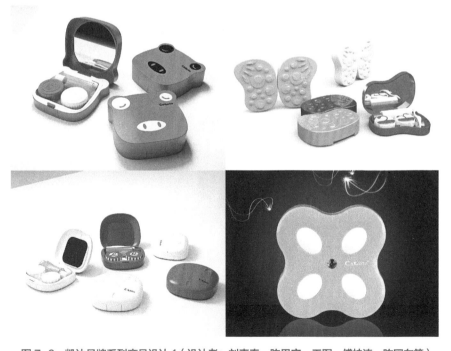

图 7-6　凯达品牌系列产品设计 1(设计者:刘青春、陈思宇、王军、傅桂涛、陈国东等)

图 7-7　凯达品牌系列产品设计 2（设计者：陈思宇、王军、刘青春、傅桂涛、陈国东等）

7.3 课程学生习作（图7-8~图7-12）

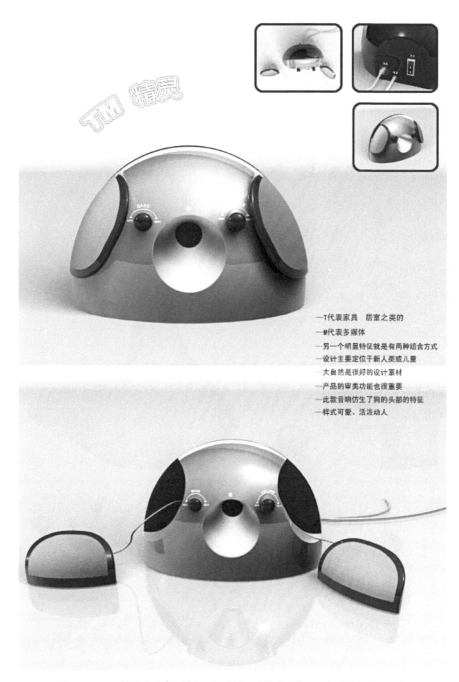

——T代表家具 居室之类的

——M代表多媒体

——另一个明显特征就是有两种组合方式

——设计主要定位于新人类或儿童

——大自然是很好的设计素材

——产品的审美功能也很重要

——此款音响仿生了狗的头部的特征

——样式可爱、活泼动人

图7-8 TM精灵音响（设计者：杨建敏、陈伟慧，指导：刘青春、傅桂涛）

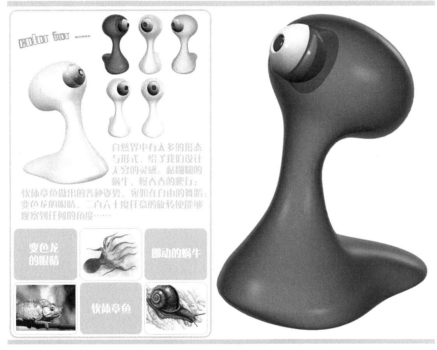

图7-9　Worm Eye摄像头（设计者：黄斌、胡逆寅，指导：刘青春、傅桂涛）

在紧张繁忙的现代生活节奏中，设计的趣味化成为了现代人群心理的补充。该设计的灵感来自于夏天田野边欢叫的青蛙，运用青蛙生动可爱的形态和呱呱悦耳的叫声，把人们带入到充满想象的虚拟世界，让都市人充分享受到自然的乐趣。

115

图7-10　呱呱闹钟（设计者：王俊标／指导：刘青春）

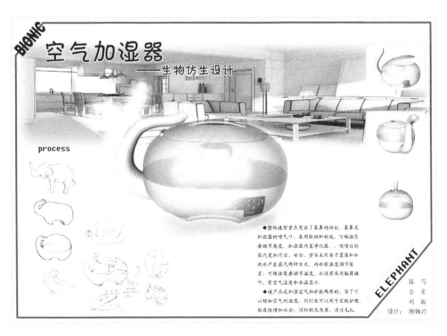

图7-11　大象空气加湿器（设计者：陈莺、鲍婉君、金希、刘源，指导：刘青春）

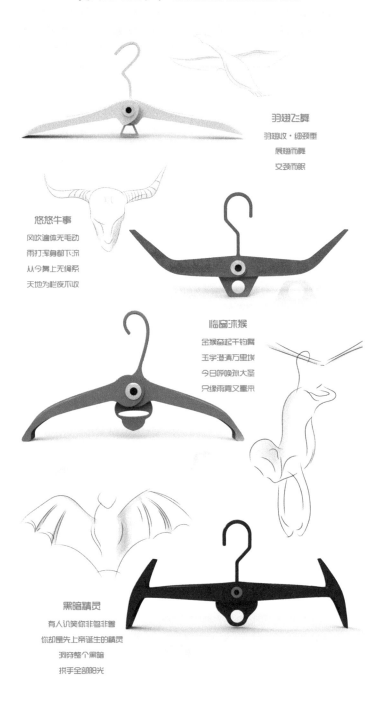

动物世界 多功能晾衣架设计
MULTIFUNCTIONAL CLOTHES HANGER DESIGN

羽翅飞舞
羽翅收·细颈垂
展翅而舞
交颈而眠

悠悠牛事
风吹遍体无毛动
雨打军身都下泳
从今算上无绳系
天地为栏夜不收

临奋沐猴
金猴奋起千钧臂
玉宇普清万里埃
今日呼唤孙大圣
只缘雨舞又重来

黑暗精灵
有人讥笑你非鸟非兽
你却是先上帝诞生的精灵
洞穿整个黑暗
拱手全部阳光

图 7-12 动物世界多功能晾衣架设计（设计者：曹源，指导：陈思宇、刘青春）

附录一
蜜蜂的产品仿生设计图表法

0 蜜蜂（图片+文字）	1 蜜蜂的特征（图片）

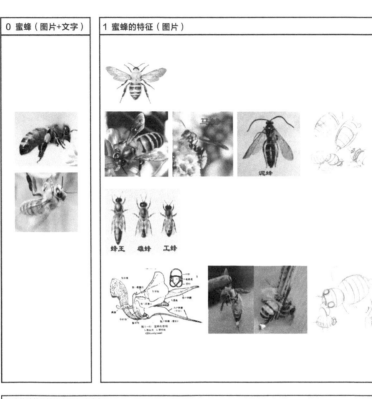

2 蜜蜂独特的特性（图片+文字）

腹末有螯针
腹节处黄黑
颜色交替

3 蜜蜂的特征、行为、运动机制等的描述（图片+文字）	4 蜜蜂的特征、行为、运动机制等的描述（文字）

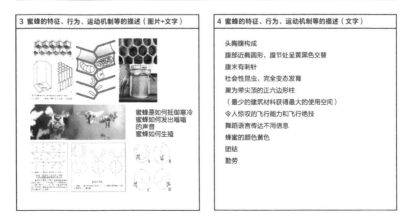

蜜蜂是如何抵御寒冷
蜜蜂如何发出嗡嗡的声音
蜜蜂如何生殖

头胸腹构成
腹部近椭圆形，腹节处呈黄黑色交替
腹末有刺针
社会性昆虫，完全变态发育
巢为带尖顶的正六边形柱
（最少的建筑材料获得最大的使用空间）
令人惊叹的飞行能力和飞行绝技
舞蹈语言传达不同信息
蜂蜜的颜色黄色
团结
勤劳

5 关键词提炼（文字）	6 根据关键词对生物特征的描述，制作"蜜蜂"的思维导图
5.1 名词 刺针、蜂巢结构、黄黑交替的色彩	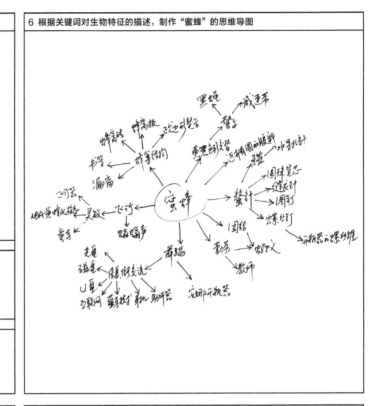
5.2 动词 警示 舞蹈 信号（信息）交流	
5.3 形容词 嗡嗡、勤劳、团结、灵敏、契合	

5 关键词提炼（文字）	6 收集思维导图联想到的事物[图片+事物（产品）]
5.1 名词 刺针、蜂巢结构、黄黑交替的色彩	6.1 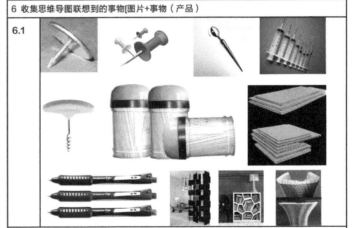
5.2 动词 警示 舞蹈 信号（信息）交流	6.2 
5.3 形容词 嗡嗡、勤劳、团结、灵敏、契合	6.3 

2 蜜蜂独特的特征 （图片+文字）	7 重新整合step6中事物【图片+物体（产品）】
腹末有螫针 腹节处黄黑 颜色交替 巢为带尖顶 正六棱柱 舞蹈语言 	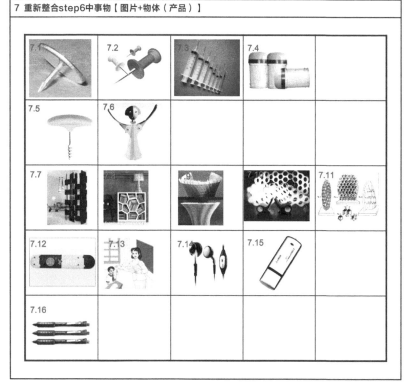

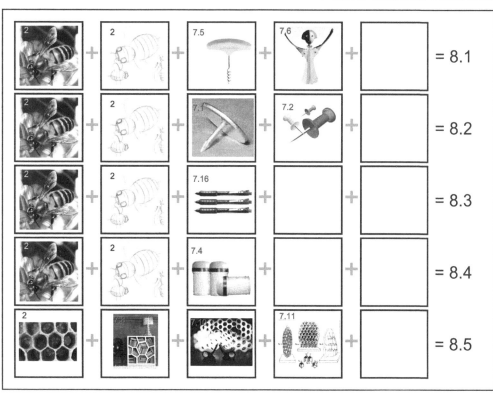

8 设计概念的提出（图片+文字）

8.1 开瓶器	8.2 蜜蜂图钉	8.3 笔	8.4 牙签盒	8.5 展示架 书架

9.1 特征提取与产品转化（图片+文字）	
开瓶器	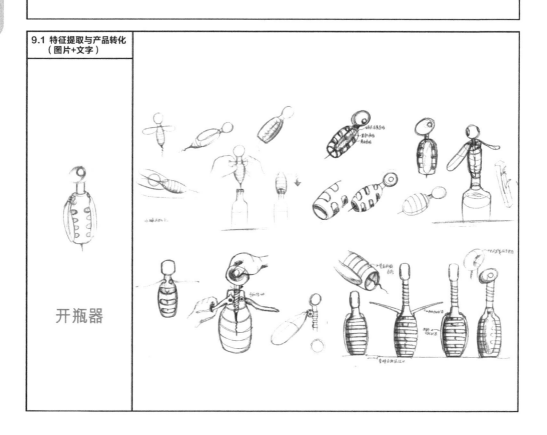

9.2 效果图（图片+文字）

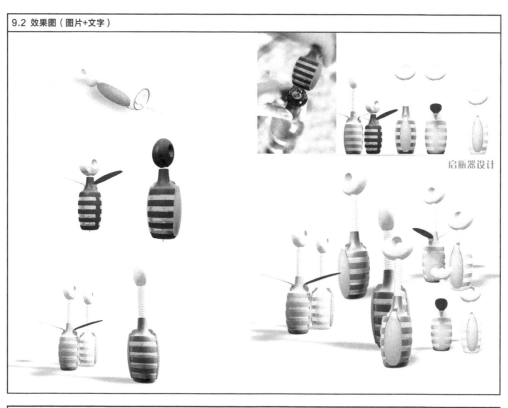

启瓶器设计

9.2 效果图（图片+文字）

参考文献

[1] 张祥泉. 产品形态仿生设计中的生物形态简化研究 [D]. 长沙：湖南大学，2006.

[2] 胡飞，杨瑞. 设计符号与产品语意 [M]. 北京：中国建筑工业出版社，2003.

[3] 张凌浩. 产品的语意 [M]. 北京：中国建筑工业出版社，2005，10.

[4] 凌继尧，徐恒醇. 艺术设计学 [M]. 上海：上海人民出版社，2000，11.

[5] 阳强，许佳，张娜娜. 仿生对象中设计要素的符号学分析 [J]. 郑州轻工业学院学报（社会科学版）. 2007，8（6）：49-51.

[6] 陈宗明. 符号世界 [M]. 武汉：湖北人民出版社，2004.

[7] 陈浩，高筠，肖金花. 语意的传达 [M]. 北京：中国建筑工业出版社，2005，07.

[8] 于帆，陈嬿. 仿生造型设计 [M]. 武汉：华中科技大学出版社，2005，11.

[9] 许桂苹. 浅析形态与仿生 [J]. 设计. 2006，（2）：94-97.

[10] 陆冀宁. 动态仿生设计手法初探 [J]. 包装工程. 2006，27（3）：176-177.

[11] Daniel West. Design and Biology[J]. Icon. April 2007, 046.

[12] 吴卫. 解构色彩的实验性教学案例探索 [EB/OL]. http://www.dolcn.com/data/cns_1/article_31/paper_311/pgen_3119/2005-09/1125906842.html，2005，09，05.

[13] 艾伦·鲍尔斯. 自然设计 [M]. 王立非等译. 南京：江苏美术出版社，2001，12.

[14] 王露茵. 谈"仿生设计"在工业设计中的应用 [J]. 科技信息. 2008，（15）：542.

[15] 方裕民，林铭煌，廖军豪. [失谐–解困] 理论与设计逻辑中的幽默理解历程 [J]. 设计学报. 2006，11（2）.

[16] 张春兴. 教育心理学 [M]. 台北：东华书局，1980.

[17] 王更，汪安圣. 认知心理学 [M]. 北京：北京大学出版社，1992：46-62.

[18] 唐建山. 基于情境信息的产品愉悦感设计研究 [D]. 长沙：湖南大学，2006.

[19] 李鹏. 度物象取其真——浅谈产品形态设计中的"传神"[J]. 设计艺术（山东工艺美术学院学报）. 2008，（01）：50-52.

[20] 杨向东. 工业设计程序与方法 [M]. 北京：高等教育出版社，2008，01.

[21] 花景勇. 设计管理——企业的产品识别设计 [M]. 北京：北京理工大学出版社，2007，01.

[22] 胡飞. 工业设计符号基础 [M]. 北京：高等教育出版社，2007，09.

[23] 韩德昌. 自然的启发：仿生设计新趋势 [J]. 设计（台湾）. 2007，（136）：77-81.

[24] [法] 保罗·利科著. 活的隐喻 [M]. 汪家堂译. 上海：上海译文出版社，2004：162.

[25] 蔡克中，张志华. 工业设计仿生学的应用 [J]. 装饰. 2004，（01）：73.

[26] 周至禹. 设计素描 [M]. 北京：高等教育出版社，2006，11：173.

[27] 潘长学，陆江燕. 设计形态具象与抽象含义的符号特征 [J]. 南京艺术学院学报（美术与设计版）. 2004，（01）：74-85.

[28] 高蕾. 异形美学分析 [D]. 西安：西安美术学院，2007.

[29] 杜军虎. 论传统图形设计背后的知识形式 [J]. 包装工程，2006，27（2）：222-224.

[30] 易晓. 北欧设计的风格与历程 [M]. 武汉：武汉大学出版社，2005，05：105-106.

[31] 冯冠超. 中国风格的当代化设计 [M]. 重庆：重庆出版社，2007，04：10.

[32] 吴魁. 论环境艺术中装饰雕塑的造型设计 [J]. 家具与室内装饰. 2008，（01）.

[33] 刘国余，沈杰. 产品基础形态设计 [M]. 北京：中国轻工业出版社，2001，05：65.

[34] 王蔚. 探索数字时代的建筑设计和教育——纽约哥伦比亚大学无纸设计工作室管窥 [J]. 世界建筑，2003（04）：110-113.

[35] 郭南初，熊志勇. 产品形态仿生设计与逆向工程技术 [J]. 包装工程，2006，27（5）：218-219.

[36] 简召全. 工业设计方法学 [M]. 北京：北京理工大学出版社，1995，01.

[37] 同上。

[38] 杨正. 工业产品造型设计 [M]. 武汉：武汉大学出版社，2003.

[39] 谢家平. 绿色设计评价与优化 [M]. 武汉：中国地质大学出版社，2005，08.

[40] 秦寿康. 综合评价原理与应用 [M]. 北京：电子工业出版社，2003.

[41] 杜栋，庞庆华主编. 现代综合评价方法与案例精选 [M]. 北京：清华大学出版社，2005.

[42] 杨向东. 工业设计程序与方法 [M]. 北京：高等教育出版社，2008，01.

[43] Hsi-Chi Hsiao, Wen-Chih Chou.Using biomimetic design in a product design course[J]. World Transactions on Engineering and Technology Education. 2007, 6(1): 31-35.